U0181816

基于 DSL 的电厂生产领域
信息模型构建技术与实践

赵增涛　著

北京工业大学出版社

图书在版编目（CIP）数据

基于 DSL 的电厂生产领域信息模型构建技术与实践 /
赵增涛著. — 北京：北京工业大学出版社，2022.4
ISBN 978-7-5639-8317-9

Ⅰ.①基… Ⅱ.①赵… Ⅲ.①发电厂—信息处理—模型—研究 Ⅳ.① TM6-39

中国版本图书馆 CIP 数据核字（2022）第 079401 号

基于 DSL 的电厂生产领域信息模型构建技术与实践

JIYU DSL DE DIANCHANG SHENGCHAN LINGYU XINXI MOXING GOUJIAN JISHU YU SHIJIAN

著　　者： 赵增涛

责任编辑： 乔爱肖

封面设计： 知更壹点

出版发行： 北京工业大学出版社

　　　　　（北京市朝阳区平乐园 100 号　邮编：100124）

　　　　　010-67391722（传真）　　bgdcbs@sina.com

经销单位： 全国各地新华书店

承印单位： 河北赛文印刷有限公司

开　　本： 710 毫米 ×1000 毫米　1/16

印　　张： 13

字　　数： 260 千字

版　　次： 2022 年 4 月第 1 版

印　　次： 2022 年 4 月第 1 次印刷

标准书号： ISBN 978-7-5639-8317-9

定　　价： 68.00 元

作 者 简 介

　　赵增涛，南方电网调峰调频发电有限公司数据资产研究员。从事发电运行管理、电力企业数据资产管理研究工作10余年，承担多个大数据分析、数据资产管理、应用系统建设等项目。发表专业论文6篇，获得发明专利2项。

前　　言

在电力领域，无论是设备资产、生产过程、管理运营还是商业活动，都存在大量未被挖掘利用、靠经验积累的知识、工艺、技术等，需要将其转化为更精确的知识模型和算法模型。为了实现电力大数据的交换、融合、分析、应用，构建电力领域信息模型至关重要。电力领域信息模型，一方面可实现电力大数据在语义层面的标准化描述，从而保证互联之后各电力对象的信息能够交互；另一方面可将电力管理知识、工艺机理等各种隐性的经验显性化表达，形成数据驱动的智能。

UML 作为通用建模语言，包含的大部分概念都来自面向对象编程语言，而不是应用系统的问题域。这导致 UML 中的概念与问题域概念存在一定差距，很难借助 UML 满足某些领域业务方面建模的需求，更倾向于针对特定业务专项分析，强调从问题域出发，设计适用于特定领域的建模语言，实现业务概念逻辑的可视化表达，而这种只适用于某种特定领域的建模语言也被称为"领域特定语言"。

DSL 涉及范围广泛，多应用于工业系统建模仿真、领域数据建模、基于模型的系统工程等方面。例如：体系结构设计与分析语言——AADL (Architecture Analysis and Design Language) 是针对嵌入式系统体系结构的一种 DSL，具有简单易用、扩展性强的优点，在航空航天、汽车交通等工业领域应用广泛；Modelica 是多领域统一建模语言，具有方程非因果性、模型可复用性等特点，可通过构建与复用领域知识模型库加快建模效率及质量，在物理系统建模与仿真中得到了广泛应用；另外还有用于信息物理系统（CPS）结构与行为建模的 DSL，包括设备、服务、服务端口、状态机等领域概念。

目前，业界仍缺乏针对电力生产领域的建模技术与工具。在技术上，业务管理专家普遍采用办公软件定义标准规程或知识库，无法直接固化大数据分析应用，需 IT 人员进行二次处理，存在工作量大、易出偏差的问题；此外，由于缺少专业建模工具支撑，标准规程的协同设计、版本管理不尽如人意。

自 2015 年起，南方电网调峰调频发电公司以《GB/T 32913—2016 信息技术

元对象设施 (MOF)》及领域特定语言（Domain Specific Language，DSL）作为理论依据，着力研发电力生产领域建模工具软件，包括元模型管理、模型管理框架、专用建模工具，用于支持建模语言动态设计与扩展，支持多组织协同化设计。元模型定义了业务的法则，实现了对业务数据源的分类、内在联系的辨识与定义。模型层描述了具体的业务数据规则、规范之间的相互联系，实现了技术标准、规范、业务专家经验的数字化管理。

　　本书课题组成员有：赵增涛、李定林、佘俊、陈满、巩宇、王尚顺、李德华、王小军、黄小凤、刘艳、罗雨、罗盛杨、高彦明、张豪。以上人员通力合作，期望通过对领域特定语言的理论与技术、电力行业应用经验的总结，满足电力生产特定领域建模需求，实现电力领域内面向业务场景和数据的设计表达，促进电力企业数字化转型。

目　　录

第 1 章　绪论 ………………………………………………………… 1

　1.1　本书的主题 …………………………………………………… 1

　1.2　本书的读者 …………………………………………………… 1

　1.3　本书的组织 …………………………………………………… 1

第 2 章　领域特定语言方法论 …………………………………………… 2

　2.1　概述 ……………………………………………………………… 2

　2.2　领域特定语言 DSL …………………………………………… 2

　　2.2.1　DSL 概念 ……………………………………………… 2

　　2.2.2　DSL 应用 ……………………………………………… 3

　　2.2.3　DSL 设计 ……………………………………………… 3

　2.3　元建模技术 ……………………………………………………… 4

　2.4　元数据体系结构 ………………………………………………… 4

　　2.4.1　四层元数据体系结构 …………………………………… 5

　　2.4.2　MOF 元数据体系结构 ………………………………… 6

　2.5　元–元模型 ……………………………………………………… 7

　2.6　MOF ……………………………………………………………… 8

　　2.6.1　类 ……………………………………………………… 9

　　2.6.2　关联 …………………………………………………… 11

　　2.6.3　包 ……………………………………………………… 13

　　2.6.4　数据类型 ……………………………………………… 16

第 3 章　电厂生产领域信息建模技术 ································· 17

　3.1　概述 ··· 17

　3.2　建模概念设计 ·· 17

　3.3　元数据的管理 ·· 20

　　3.3.1　四层元数据体系结构 ······································ 20

　　3.3.2　电厂生产领域适用案例 ···································· 20

　3.4　语言模型刻画 ·· 22

　　3.4.1　概念分层 ··· 22

　　3.4.2　抽象语法 ··· 23

　3.5　建模工具设计 ·· 35

　　3.5.1　技术架构 ··· 35

　　3.5.2　元模型工具 ··· 36

　　3.5.3　模型工具 ··· 36

　　3.5.4　存储与交换 ··· 37

　　3.5.5　模型标识与命名 ··· 49

第 4 章　电厂生产领域信息建模实例 ································· 57

　4.1　资产信息模型（AIM） ··· 57

　　4.1.1　模型框 ··· 57

　　4.1.2　功能面、产品面、空间面 ·································· 58

　　4.1.3　业务元对象 ··· 59

　　4.1.4　基于功能位置类型的资产台账结构模型 ···················· 120

　4.2　安全风险信息模型（RIM） ····································· 125

　　4.2.1　模型框架 ··· 125

　　4.2.2　后果、原因与控制措施 ···································· 126

　　4.2.3　业务元对象 ··· 128

　　4.2.4　基于作业活动特征的风险分析元结构 ····················· 160

4.3　生产作业信息模型（PIM）·······················162

4.3.1　模型框架·····································162

4.3.2　作业内容、作业安全与作业安排···········162

4.3.3　业务元对象·······························163

第5章　领域模型驱动数字化转型实践·····················175

5.1　资产台账业务应用·····························175

5.1.1　业务概括·····································175

5.1.2　设备台账实例树的构建应用·················177

5.1.3　基于资产信息模型的账卡物一致···········181

5.2　设备维修业务应用·····························183

5.2.1　业务概括·····································183

5.2.2　设备维修应用设计·························183

5.2.3　基于生产作业信息模型的检修规范···········185

5.3　数据分析应用·································191

5.3.1　数据指标体系·····························191

5.3.2　数据分析·································192

5.3.3　应用实例·································194

第6章　总结与展望·····································197

第1章 绪论

1.1 本书的主题

本书拟从发电企业生产领域知识沉淀表达的痛点出发，结合领域特定语言及元对象设施理论，提出发电企业运用领域特定语言从事专业化建模工作的技术路径及应用方法，以有效提升业务数字化管理的技术支撑能力，实现标准规范制定、实施、评估的闭环管理，实现业务模型的全面数字化，最终促进业务管理形态不断进化。

1.2 本书的读者

本书适合电力企业生产专业人员及数字化工程师、数字化供应商、高校老师学生阅读使用。

1.3 本书的组织

本书首先介绍了生产领域建模的理论基础，主要包括领域特定语言和元对象设施两大部分；其次依据领域建模理论对电厂生产领域信息建模技术进行了剖析，阐述建模工具的功能设计方案及关键技术特性；再次介绍了适用于电厂的生产领域信息建模案例，包括资产信息模型、安全风险信息模型、生产作业信息模型等；从次介绍了基于领域模型驱动的典型数字化应用，证明其理论、方法、技术的有效性；最后对电厂生产领域信息模型的构建进行了总结与展望。

第 2 章　领域特定语言方法论

2.1　概述

领域特定语言（Domain Specific Language，DSL）是一种为解决特定领域问题，而对某个特定领域操作和概念进行抽象的语言。本章旨在搞清楚 DSL 是什么，DSL 都有哪些应用，以及如何为 DSL 设计一套元建模工具支持建模等一些顶层框架性问题。

2.2　领域特定语言 DSL

2.2.1　DSL 概念

一般将业务分析过程中的实体和约束条件称为问题域，业务复杂程度与问题域呈正相关；对问题域的建模需要建模语言具备良好的支持能力，能满足对各种情形的概念约束。UML 作为通用建模语言，所包含的大部分概念都来自面向对象编程语言，而不是应用系统的问题域，这导致 UML 中的概念与问题域概念存在一定差距，很难借助 UML 满足某些领域业务方面建模的需求。DSL 更倾向于针对特定业务专项分析，强调从问题域出发，设计适用于特定领域的建模语言，实现业务概念逻辑的可视化表达。

领域特定语言，即 DSL，指的是专注于某个应用程序领域，具有受限表达性的一种计算机程序设计语言。DSL 旨在解决特定领域面临的问题，提供概念建模及形式化表达的能力，在领域概念、业务规则、模型呈现视图等方面更符合领域专家习惯。

2.2.2　DSL 应用

DSL 涉及范围广泛，多应用于工业系统建模仿真、领域数据建模、基于模型的系统工程等方面。例如：体系结构设计与分析语言 (Architecture Analysis and Design Language, AADL) 是针对嵌入式系统体系结构的一种 DSL，具有简单易用、扩展性强的优点，在航空航天、汽车交通等工业领域应用广泛；Modelica 是多领域统一建模语言，具有方程非因果性、模型可复用性等特点，可通过构建与复用领域知识模型库加快建模效率及质量，在物理系统建模与仿真中得到了广泛应用。另外，还有用于信息物理系统（CPS）结构与行为建模的 DSL，包括设备、服务、服务端口、状态机等领域概念，以及用于描述 UN/CEFACT 核心组件技术规范的 DSL，包括核心组件、业务信息实体、核心数据类型、业务数据类型等领域概念。

总之，DSL 是一个相对宽泛的学术概念，具备多种专业领域的适应性，具有以下优势：

① DSL 核心在于受限的表达能力、容易理解的语义以及清晰的语义模型。

②使用领域高度抽象的概念，更具表现力。

③基于更高的抽象层次，弱化底层实现。

④ DSL 表达更精炼。

2.2.3　DSL 设计

从语言学角度看，领域特定语言设计主要包括抽象语法与具体语法。抽象语法描述 DSL 中模型元素及其关系，具体语法是 DSL 的形式化表达。以业务流程建模语言 BMPN 为例，抽象语法定义了业务流程、业务活动等流程元素及其之间的关系；具体语法则是给出流程图布局、流程元素符号及连线风格。

为了描述某一特定的模型，需要描述组成该类模型的建模结构集，MOF 能对建模结构进行描述。元对象机制（MOF）的四层元模型架构提供了一组建模元素以及使用这些元素的规则。四层元模型是对象管理组织（OMG）指定的建模语言体系结构。这种体系结构是在精确定义一个复杂模型语义的基础上，通过递归地将语义应用到不同层次上，完成语义结构的定义，为元模型扩展及元模型实现与其他基于四层元模型体系结构的标准相结合提供体系结构基础。

MOF 方法的核心是提供一种可扩展的元数据管理方式：它提供了一种支持各种元数据的框架，从而允许按需添加新的类型的元数据，其实现的方法是对元数据分层。

元数据体系结构是一种典型的四层建模结构。这些层次分别为实例层（M0

层）、模型层（M1 层）、元模型层（M2 层）和元–元模型层（M3 层）。高层次模型定义了下一层次模型，相应的低层次模型是上一层次模型的实例。其中，DSL 语言设计主要聚焦于 M2 层，即遵循 M3 层设计 DSL 元模型表达其抽象语法。M1 层和 M0 层属于 DSL 应用范围，M1 层是使用 DSL 建模工具搭建而成的，M0 层是领域对象实例。M3 层的代表有 E–R 模型（实体关系）、MOF 模型（元对象设施）、GOPPRR 模型（图–对象–属性–端口–角色–关系），其中 MOF 模型应用最为广泛。

通常，把开发 DSL 的工具称为元建模工具，设计 DSL 所建的模型称为元模型，而建立 DSL 元模型并提供或生成支持 DSL 的建模工具的过程称为元建模。

2.3　元建模技术

元建模是指建立用以刻画某种建模语言的元模型，并提供支持该建模语言的建模工具的活动。大量工程实践表明，手工为建模语言开发建模工具代价高昂、开发效率低，基于元建模技术为特定领域建模语言开发建模工具能有效缩短开发周期。

元建模技术主要包括以下要求：

①设计元数据体系结构，实现对元数据管理。

②确定元–元模型，完成语言模型的刻画。

③提供支持该建模语言的建模工具。

2.4　元数据体系结构

元数据管理的可扩展性，是 MOF 研究的中心主题。它的目标是提供支持任何种类的元数据的框架，并且允许按需求添加新的种类。为达到该目标，MOF 设计了分层元数据架构，它以传统的四层建模体系结构为基础。不论是传统元数据体系结构还是 MOF 元数据体系结构，其主要特征都是将元模型和模型连接在一起的元–元模型层。

下面简要描述传统的四层元数据体系结构。随后对传统的元数据体系结构映射到 MOF 元数据体系结构的过程做更详细的描述。

2.4.1　四层元数据体系结构

元建模的概念框架是一个四层的体系结构，如图 2-1 所示，每层的具体描述如下：

图 2-1　四层元数据体系结构

①实例层包含了我们想要描述的数据。

②模型层包含了描述实例层数据的元数据。元数据非正式地聚合成模型。

③元模型层包含了针对定义了结构和语义的元数据的描述。元-元数据非正式地聚合成元模型。元模型是用来描述不同种类数据的"抽象语言"，即没有任何具体的句法或符号的语言。

④元-元模型层包含了对元-元数据的结构和语义的描述。换句话说，是用来定义不同种类元数据的"抽象语言"。

传统的四层元建模概念框架案例如图 2-2 所示。在这个例子中，"记录类型"元模型通过一些简单记录（"股票报价"实例）来描述元数据，这种硬连线的元-元模型定义了元建模结构（如元类和元属性）。这个例子只展示了一个模型和一个元模型，而四层元数据体系结构的主要目标是支持多重模型和元模型。如在实例层，"股票报价"可以描述很多个"股票报价"实例，在模型层，"记录类型"元模型可以描述很多个记录类型。同样地，在元-元模型层，这种元模型可以描述很多其他元模型，反之这些代表其他类型的元数据可以描述不同种类的信息。

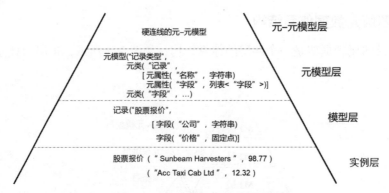

图 2-2　传统的四层元建模框架案例

传统的四层元数据体系结构与简单的建模方法相比，有很多优点。如果能够合理地设计框架，那么它可以：

①支持任何可以想象的模型和建模范例。

②允许关联不同种类的元数据。

③允许增加元模型和新种类的元数据。

④在使用相同的元–元模型的团体之间，支持任意的元数据（模型）和元–元数据（元模型）的交换。

2.4.2　MOF 元数据体系结构

MOF 元数据体系结构如图 2-3 所示，它以传统的四层元数据体系结构为基础。这个例子展示了一个典型的 MOF 元数据体系结构实例化的元模型，用以表示统一建模语言（UML）和 OMG 接口定义语言（OMG IDL）。

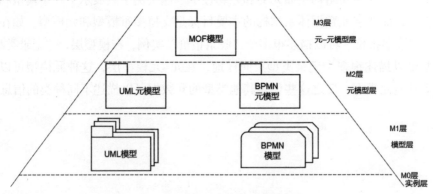

图 2-3　MOF 元数据体系结构

MOF 元数据体系结构有一些与之前的建模体系结构不同的重要特征：

① MOF 模型（MOF 的核心元–元模型）是面向对象的，拥有与 UML 的对象模型结构一致的建模结构。因此，这个例子中使用了 UML 包的图标来指示基于 MOF 的元模型以及 UML 模型。

② MOF 元数据体系结构的元层次是不固定的。虽然是典型的四层结构，但是也有可能根据 MOF 的配置形成或多或少的层次结构。事实上，在执行层面上，MOF 规范并没有要求离散的元层次结构。MOF 元层次只是一种纯粹的约定，用来理解不同的数据和元数据之间的关系。

③模型（更广意义上是元数据的集合）并不局限在一个元层中。举个例子，在一个数据存储库的环境中，把元模式"关系表"和特定模式作为关系表的实例放在一个概念模型会更有用。

④ MOF 模型是自描述的。也就是说，MOF 模型使用了自定义的元建模结构来定义。因此，MOF 模型也可以用 UML 风格的包图来表示。

MOF 模型的自描述特征有某些重要影响：

①它证明了 MOF 模型对于实际中元建模是十分形象的。

②它允许通过使用 MOF IDL 到 MOF 模型的映射来定义 MOF 的接口和行为。这保证了代表模型和元模型的可计算对象之间的语义一致性。这也意味着，当一个新的技术映射被定义时，该环境中的管理元模型的 API 也被潜在地定义了。

③它为扩展和修改 MOF 模型提供了体系结构基础。后续的 MOF RTFs 就可以在 MOF 模型中通过增量变化来使问题变得明显。未来，将会增加新的元–元模型来支持建模符号的描述以及模型到模型的转换。

④如果给定一个实现生成器的集合，那么将允许引导创建新的 MOF 元模型存储库和相关工具生成。

2.5　元–元模型

描述元模型（Meta Model）需要元语言的支持，而元语言是通过元–元模型（Meta–Meta Model）刻画的。所以，要构造元建模工具，首先必须确定元–元模型。

当前，元–元模型可以大致分为以下几类：基于 E-R 图的元–元模型、基于 MOF 和 UML 类图的元–元模型、基于图的元–元模型。

1. 基于 E-R 图的元–元模型

在面向对象（Object Oriented）流行之前，E-R 图是最好的建模语言之一。

即使到现在，E-R 图也依然是数据库建模的主流语言。所以，早期的元建模将 E-R 图作为元-元模型是很自然的事。

基于 E-R 扩展的元-元模型，其优点是简单、直观，而且它与当时的主流建模语言 E-R 图的特殊关系，也有利于元建模工具的推广。

1. 基于 MOF 和 UML 类图的元-元模型

随着面向对象建模方法逐渐成为主流，人们开始采用面向对象的方法来刻画元模型，其中具有代表性的是 MOF 和 UML 类图。在 OMG 的 MDA（机制、动态、美学）框架中，MOF 和 UML 分别处于元-元模型层和元模型层。从这个意义上说，UML 类图不是元-元模型而是元模型。但是，UML 本身是自描述的，其中用于描述 UML 本身的一个内核经过简单扩展就成为元-元模型 MOF。所以，从这个意义上说 MOF 是 UML 的一个子集，而且这个子集正好和用于描述类图的 UML 子集近似等价。

基于 MOF 和 UML 类图的元-元模型因为采用面向对象技术而自然、直观，而且表达能力比 E-R 图强。同时，采用 UML 的子集作为元-元模型可以最大程度地减小使用者的学习负担。比如，一个 MOF 类对应一个 UML 类，一个 MOF 属性对应一个 UML 属性，一个 MOF 关联对应一个 UML 关联，更便于建模人员理解与应用。不仅如此，采用 UML 子集的另一个好处是可以直接使用现成的 UML 建模理论来建立元模型。

2. 基于图的元-元模型

可视化建模得到的元模型和模型通常都以图的形式表示（比如 UML 元模型、UML 模型、E-R 模型等）。图可以作为表示各种模型、元模型的通用描述语言，基于图的形式缺点是比较抽象，以图的形式描述元模型（或模型）并没面向对象的方式直观。所以，通常图和其他（比如 E-R）形式一起使用，呈现给用户的是直观、易懂的 E-R 模型，系统则自动转换为易于计算机处理的图描述。

基于图的元语言最大的好处是可以用通用的形式化的图转换来定义建模语言的语义，这为自动生成建模工具提供了极其有利的条件。同时，借助图转换理论可以对建模语言的语义进行推理和证明，以便及早发现建模语言的设计缺陷。

2.6 MOF

用来定义元模型的 MOF 核心元建模结构，即 MOF 的"抽象语言"。MOF

元建模主要为元数据定义信息模型。MOF 使用对象建模框架结构，该框架结构本质上是核心 UML 的子集，4 个主要的建模概念有：

①类，用来模块化 MOF 元对象。

②关联，用来模型化元对象之间的二元关系。

③包，用来模块化模型。

④数据类型，用来模型化其他数据。

2.6.1　类

类是 MOF 元对象的类型描述。M2 层定义的类逻辑上在 M1 层中实例化。这些实例包括对象标识符、状态和行为。在由 MOF 规范定义的通用信息和可计算模型的环境中，M1 层实例中的状态和行为在 M2 层的类中定义，类的特征包含属性和操作。

2.6.1.1　属性

属性定义概念的位置和值的所有者，典型应用于类的每个实例中。属性的特征及其描述见表 2-1。

表 2-1　属性的特征及其描述

特征	描述
名称	在属性的范围内是唯一的
类型	可以是一个类或者一个数据类型
"可改变" 标签	决定客户端是否提供直接操作来设置属性的值
"可派生" 标签	决定了概念值的内容是一个类实例的 "直接状态" 还是从其他状态中派生出来的
"多重性" 标签	见属性与参数多重性

2.6.1.2　操作

操作是与某个类关联的系列访问行为。操作实际上并没有详细说明某个行为或实现该行为的方法。它只是简单地描述了行为被调用的名称和类型签名。操作的特征及其描述见表 2-2。

表 2-2　操作的特征及其描述

特征	描述
名称	在类的范围内是唯一的

特征	描述
位置参数列表具有以下属性：	
参数名称	
参数类型	可以用类或者数据类型表示
参数传递的方向	决定实际参数是从客户端传递到服务器，还是从服务器传递到客户端，或者二者都有
参数"多重性"描述	见属性与参数多重性
一个可选的返回类型	
调用过程中的异常列表	

2.6.1.3 属性和操作的范围

属性与操作可被定义为"分类层"或"实例层"。一个实例层属性针对一个类的每个实例都有一个单独值。相比而言，每个分类层的属性都有一个值，该值在类的范围内被所有实例共享。

同样地，一个实例层的操作只能被一个类的实例触发，并且该操作将影响到实例的状态。与此相对应，一个分类层的操作触发独立于任何实例，并且可以适用于类扩展中的所有实例。

2.6.1.4 属性与参数的多重性

属性或参数根据其多重性规格，可被赋予可选值、单一值或多重值。这包含以下 3 部分：

① "上限"和"下限"字段对属性或参数值的元素的个数做了限定。元素的个数限制可能是 0，上限可能是无限的。具有单一值的属性或参数的上限和下限都是 1；具有可选值的属性或参数的下限是 0，上限是 1。其他的被称为多重值参数（因为它们的上限大于 1）。

② "is_order"标记说明了值的排序是否具有语义性。比如，如果一个属性是已排序的，那么在这个属性实例中，个体值的顺序将被保存。

③ "is_unique"标记说明了实例是否与给定的属性或者参数具有相同的值。

2.6.1.5 类泛化

MOF 允许类继承一个或多个其他类。MOF 模型使用了 UML 中的术语"泛化"来描述继承关系（一个子类继承一个父类）。

MOF 中类泛化的概念与 UML、CORBA IDL 中的类似。子类继承了父类的所有的内容（父类的所有的属性、操作、引用、嵌套的数据类型、异常、常量）。任何显式的用于父类的约束和隐式的父类的行为都可以应用于子类中。在 M1 层，M2 层的一个类实例在类型上是可以替换它的 M2 层父类的实例的。

MOF 对泛化做了一定的限制以保证这个操作是有意义的，并且可以映射到现有的实现技术范围：

①一个类不能泛化其自身，不论是直接的或间接的。

②如果子类中的模型元素与父类中含有的或继承的模型元素的名称相同，那么不能进行类泛化（不允许重载）。

③一个类具有多个父类时，父类中含有或继承的模型元素的名称不能相同。

2.6.1.6　抽象类

一个类可以定义为"抽象的"。一个抽象类只能用于继承。不存在这样的元对象，它的大部分派生属性与一个抽象类相对应。

2.6.1.7　叶类和根类

类可以被定义为叶类或根类。叶类不能生成任何子类，而根类没有父类。

2.6.2　关联

关联作为 MOF 模型中的主要结构，用来表示一个元模型中包含的关系。在 M1 层，一个 M2 层 MOF 关联定义了对等的类实例间的关系（连接）。在概念上，这些连接没有对象标识符，因此也没有属性和操作。

2.6.2.1　关联端

每个 MOF 关联都有两个关联端分别表示连接的两端。关联的特征及其描述见表 2–3。

表 2–3　关联的特征及其描述

特征	描述
端的名称	在关联中是唯一的
端的类型	应该是一个类
多重性	见关联的多重性
聚合说明	见关联聚合
"导航性"设置	设置是否引用可以被定义为对端
"可变性"设置	对一个连接的端是否可以被"适当"地修改进行设置

2.6.2.2 关联端的多重性

每一个关联端都有多重性说明，与属性和操作的多重性在概念上是类似的。但是也有以下几点重要的不同：

①一个关联端的多重性不能应用于整个连接的集合。相反地，它将连接集合的投影应用于一个连接的其他端的所有可能的值。

②在 M1 层的连接集合中，重复的连接是不被允许的，"是否唯一"默认为 TRUE。对重复性的连接检查是基于连接实例的等价性进行的。

图 2-4 描述了一个关联的连接集合，一个是 A 类的左关联端，另一个是 B 类的右关联端。A 类的实例用 "a1" "a2" "a3" 表示，B 的实例用 "b1" "b2" 表示。这个例子中有 5 条连接。"a1" 的投影是一个集合 {b1}，"b1" 的投影是一个集合 {a1、a2、a3}。如果 B 的另一个实例（称为 "b3"）没有对应的连接，那么 b3 的投影是一个空的集合。

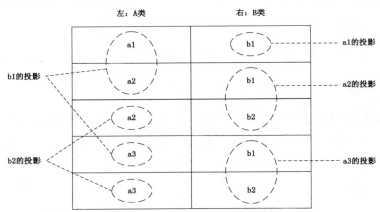

图 2-4 连接集合的投影

一个关联端的上下限包含了一个投影中的实例数量。

一个关联端的"是否有序"标识决定了另一端的投影是否有序。MOF 模型只允许两个关联端的一个标识为"已排序的"。

2.6.2.3 聚合语义

MOF 支持实例间关系的两种聚合类型，即"组合"和"非聚合"。实例间的一个非聚合关系（概念上）是松绑的，这种关系具有如下特征：

①在关系的多重性方面没有特别的限制。

②在关系中，实例的起源没有特别限制。

③关系并不影响相关实例的生命周期语义。特别地，对一个实例的删除并不会引起其他相关实例的删除。

相反地，实例间的组合关系（概念上）是一个更强壮的绑定，这种关系具有如下特征：

①组合关系是非对称的，一端表示"合成"或"全部"，另一端表示"组件"或"部分"。

②在任意的组合关系中，一个实例一次不能出现在多个组合中。

③在任意的组合关系中，一个实例不能是它自身组成部分、它的组件的组成部分、它的组件的组件的组成部分，以此类推。

④当一个"组件"实例被删除时，与这个实例相关的任何组合关系中的该实例的其他组件以及组件的组件都会被级联删除。

⑤组合闭包原则：一个实例不能作为另一个包中的实例的组件。

2.6.2.4　关联聚合

关联的聚合语义使用关联端的"聚合"属性就可以清晰地进行描述。在"组合"关联中，"组合"关联的"聚合"属性设为 TRUE，而"组件"关联端的"聚合"属性设为 FALSE。同样地，"组件"关联端的多重性应是"[0..1]"或"[1..1]"，因为一个实例不能是多个组件的组成部分。

2.6.2.5　属性聚合

某属性有效的聚合语义依赖于属性的类型，比如：

①属性的类型为数据类型时，含有"非聚合"的语义。

②属性的类型为类时，含有"组合"的语义。

可以使用数据类型来对某类的类型进行编码。这使得元模型可以定义一个值或值是类实例的属性，同时避免了"组合"语义。

2.6.3　包

包是 MOF 模型中将元素分组归入元模型的一种结构。包有两类用途：

①在 M2 层，包提供了划分和模块化元模型空间的一种方式。包可以包含大部分模型元素（比如其他的包、类、关联、数据类型、异常、常量）。

②在 M1 层，包的实例可以作为元数据的最外层容器。它们也间接地定义了关联连接集合以及类实例的"分层类"的属性和操作的界限范围。

2.6.3.1 包的泛化

与类的泛化类似，包可以被一个或者多个其他包泛化（继承）。当一个包继承自另外一个包时，子包就获得了来自父包的所有元模型元素。包的继承同样需要遵守避免名称冲突的规则。

在 M1 层，子包的实例可以创建和管理它自己的类实例和连接集合。这不仅适用于它显式定义的类和关联，同样也适用于由继承获得的类和关联。

子包实例和父包实例之间的关系与子类实例和父类实例之间的关系类似：

①子包的实例对于父包来说是类型可替代的，即子包的实例"IS_A"父包的实例。

②子包的实例不能使用或依赖父包的实例，即没有"IS_PART_OF"关系。

包也可以被定义为"根"包或"叶"包（与"根"类和"叶"类类似），但是没有"抽象"包的概念。

2.6.3.2 包的嵌套

一个包可以包含其他的包，而这些包中又可能含有其他的包。定义在嵌套包中的模型元素可能会与相关容器内的其他模型元素紧密结合在一起。比如，在一个嵌套包中的类有一个在他环境中通过一个关联连接到它本身的引用，或者，它本身的语义可以被用户定义的应用于闭合包中的约束条件所覆盖。

一个嵌套的包是它的闭合包的组成部分。一般地，一个嵌套包中的模型元素免不了与它的上下文联系在一起，嵌套的包的组合具有一些重要的限制。特别地，嵌套包不可以：

①泛化其他包或被其他的包泛化。

②被其他的包导入或集群。

嵌套的包不能被直接实例化。嵌套的包的实例没有工厂对象或操作。一个嵌套的包的 M1 层实例只可能存在于它所包含的包的实例的连接中。

2.6.3.3 包的导入

在很多情况下，包的嵌套和泛化语义不能为元模型的组合提供最好的机制支持。比如，元模型的构造者可能希望重用某个现有的元模型中的某些元素而不是其他元素，MOF 提供了导入机制来支持这一需求。

包可以通过导入一个或多个其他包来定义，当一个包导入了其他包后，这个包可以使用定义在被导入包中的元素。简而言之，我们可以说被导入的包中的元素已经被导入了。此时，这个包可以声明：

①使用被导入类或数据类型的属性、操作或异常。

②引起被导入的异常的操作。

③使用导入的数据类型或常量的数据类型或常量。

④定义一个类，其父类是被导入的类。

⑤定义关联，其关联端中的一个或两个是被导入的类。

在 M1 层，一个包的实例与它导入的包的实例没有显式的关系。与子包不同，包没有创建被导入的类的实例的能力。客户端通过一个单独的被导入的包的实例来获得任意一个包导入类的实例。

1. 包的集群

包的集群是包导入的一个更强的形式，它将包和被导入的包放到一个"集群"中。与普通的导入一样，一个包可以集群很多其他的包，也可以被其他的包所集群。

一个集群的包的实例的行为看上去似乎像被集群包嵌套在了这个包中。特别地：

①当用户创建了一个集群包的实例时，所有被集群的包的实例也被自动创建了。

②上面创建的所有被集群包的实例首先应该属于相应的集群包的范围。

③删除一个集群包的实例将会自动删除包中被集群的所有包的实例，不能删除被集群的包的实例，除非它是作为集群包实例的一部分被删除。

尽管如此，与嵌套包不同的是，可以创建一个集群包的独立实例。同时，在某些情况下，被集群的包的实例并没有被严格地嵌套。

2. 包组成结构

由 MOF 模型定义的 4 种包组成结构的特征见表 2-4。

表 2-4　由 MOF 模型定义的 4 种包组成结构的特征

元模型结构	概念上的关系	M2 层关系特性	M1 层关系特性
嵌套	P1 包含 P2	P1 ◆—— P2	P1 ◆—— P2
泛化继承	P1 泛化 P2	P2 ——△ P1	P2 ——△ P1
导入	P1 导入 P2	P1 ------ >P2	None
集群	P1 集群 P2	P1 ------ >P2	P1 ◇—— P2 or None

表 2-4 中的元素是用 UML 表示的，实心的钻石符号表示"组合"，空心的钻石符号表示"聚合"，实线 + 空心的三角符号表示"继承"，虚线箭头符号表示"依赖"。

注意在表 2-4 的不同列，P1 和 P2 代表了不同的含义：

①第 2 列，它们表示的是概念上的元模型中的 M2 层的包；

②第 3 列，它们既表示概念上的 M2 层的包，也表示在一个具体化的模型中所代表的对象；

③第 4 列，它们表示 M1 层的包的实例或者是它们的类型。

2.6.4　数据类型

元模型的定义经常需要使用属性和操作的参数，这些参数的类型值没有对象标识符。因此，MOF 提供了数据类型这一元建模概念来满足这一需求。

数据类型可以表示两种数据的类型：

①基本数据类型，如布尔型、整型、字符串型等。MOF 定义了 6 种基本数据类型。

②构造数据类型。MOF 提供的构造数据类型有枚举类型、结构类型、集合类型和别名类型。

第 3 章　电厂生产领域信息建模技术

3.1　概述

主流的建模语言比如 UML、MOF 等，尽管建模概念涵盖多方面，理论体系完备，但是，它面向的是通用建模场景，并不完全适用于电厂生产领域的建模诉求。反而，面向特定领域建模的 DSL，以其"求专不求全"，面向问题域开展建模设计的理念，为电力生产领域信息建模提供了新的视野。

为电厂生产领域设计 DSL 是一项系统性的工作，从划定数据抽象层级，设计建模语法语义完成对语言模型的刻画，到开发专用建模工具完成对 DSL 理论的支撑，整个过程对模型设计人员是很大的挑战，既要具备对问题域的抽象能力，完成对建模的元素设计和语义法则定义，形成建模理论，又要具备 IT 产品设计能力，输出专用建模工具的功能设计。

不过，庆幸的是，在构建建模理论时，DSL 方法论为我们提供了设计指导，模型设计人员只需注焦于问题域的复杂度，抽象出建模需求，然后对 UML、MOF 理论按需裁剪，便可完成基本的理论雏形，大大降低了实现难度。

本章基于 DSL 方法论，阐述了一种适用于电厂生产领域信息的建模技术，该技术包含：建模概念设计、元数据的管理、语言模型刻画以及建模工具设计；涵盖电厂生产领域建模理论到落地的全周期设计，为后续业务建模提供了理论和工具支撑。

3.2　建模概念设计

本节先讲一个建模的示例（图 3-1），加深读者对建模工作的认识；然后针对电力企业生产域，给出适用的建模概念。

现实中，一个学生可能会对应多个授课老师，同样一个老师也可能教授多名学生，而且学生和老师作为不同的个体对象，都有其自身的特征。学生有年级区别，比如一年级、二年级等；老师有科目区别，比如语文，数学等。建模的目的是清晰准确地描述这一现象，阐述之间的逻辑；这里，我们采用类、属性、关系概念来描述图 3-1 的逻辑。

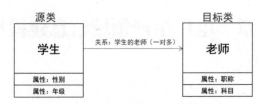

图 3-1   建模示例

如图 3-1 所示，[学生]和[老师]都是建模中的对象，归属于类的概念；[性别]、[年级]、[科目]归属于属性的概念，这些属性都是对类自身特征的可视化收集，比如学生的特征定义有性别、年级，老师的特征定义有职称、科目；并且单向描述了学生和老师之间的联系，以学生为描述的主体，定义关系[学生的老师]，并设定基数[一对多]，说明一个学生允许存在多个老师。

实际上，通过对主流建模语言 UML 和 MOF 的研究，以及对电厂生产领域业务建模场景的收集分析，在设计适用该领域的 DSL 时，我们沿用了主流的建模概念（类、属性、关系），同时摒弃了一些不适用的概念；并在此基础上，结合实际业务诉求，也提出针对该领域独有的建模理念。

最终，形成了适用于电力企业生产域的 DSL 设计，主要包含以下建模概念：

①类。用来模型化建模的对象。

②关系。用来模型化对象之间的二元联系。

③属性。用来定义概念的位置或值的所有者。

④包。实现对象的模块化分类。

⑤数据类型。每一个属性都具有一个类型，数据类型就是用来识别该属性是哪一种类型的，以及约束属性值的格式。

⑥结构。基于定义的类和关系，按照业务的组织规则，形成一个有序的业务结构，也称为"结构模型"；强调的是对象间组织的次序。为了更清晰表述这一概念，我们提供了一个该建模概念的应用场景，并辅助业务说明，如图 3-2 所示。

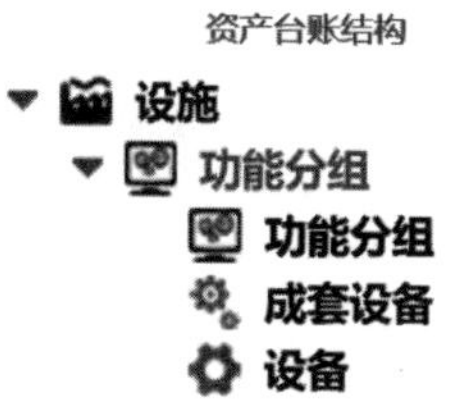

资产台账结构

▼ 🏭 设施
　　▼ 💻 功能分组
　　　　💻 **功能分组**
　　　　⚙️ **成套设备**
　　　　⚙️ **设备**

图 3-2　结构模型

资产台账结构是从功能角度描述资产对象，将资产对象划分为设施、功能分组、设备、成套设备、组件、部件。设施、功能分组、设备、成套设备间的聚合关联用于描述功能位置的结构模型；组件、部件则用于描述产品的部件结构模型。其中，设备和部件表示可安装物理设备的节点，其余节点主要发挥台账结构的组织作用。

图 3-2 中 [设施]、[功能分组]、[成套设备]、[设备] 都是定义的类对象；并根据业务联系定义了对象间的关系，比如 [设施] 和 [功能分组] 在业务上的关系为："设施包含的功能分组"；然后以资产台账的业务组织规则为原则，构建了资产台账结构模型，并采用树图直观地表现对象间的组织次序。

⑦扩展。以结构为核心，开展基于结构的主题应用建模，也称为"扩展模型"；强调主题应用依赖于特定场景，而这个特定场景是指"结构模型内的某个对象对应的应用诉求"；扩展模型应用场景示例如图 3-3 所示。

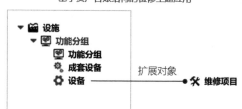

图 3-3　扩展模型应用场景示例

业务上，要求以资产台账组织的功能位置树来构建适用于该功能位置树的设备维修主题模型；强调维修项目针对的是处于功能位置树上（特定场景）的物理设备，并以设备所处的功能位置对系统稳定性的影响为关注点构建维修主题模型；该模型包含了维修级别、维修类型等信息，而这些信息取决于设备在系统中的重要度，而不局限于功能故障对设备自身的影响。

在图 3-3 中，[设备]、[维修项目] 都是定义的类对象，资产台账结构是定义的一个"结构模型";并且,定义资产台账结构上的[设备]关系节点[维修项目],表明维修项目是围绕资产台账结构上的设备对象开展的。

3.3 元数据的管理

3.3.1 四层元数据体系结构

针对电力企业生产域,我们采用了"四层元数据体系结构",参见前面 2.4.1 节,此处不再赘述。

四层元数据体系结构的优势在于通过"自下而上的抽象、自上而下的验证"原则,能够合理地设计框架。自下而上的抽象是指:根据实例层的业务逻辑和数据抽象出共性特征,并对这些特征概念化、规则化形成模型元素;然后根据现有的类和关联向上抽象,概念提炼形成元模型,表征业务间的联系。自上而下的验证是指:先设计元模型层的类和关联,再衍生定义模型层的类和关联,分析验证元模型设计的合理性。

3.3.2 电厂生产领域适用案例

为了进一步加深读者对四层元数据体系结构的理解,以电力企业生产域为例,对业务数据按照四层元数据体系结构的划分依据,给出如下示例。

3.3.2.1 资产领域四层元数据示例

资产领域四层元数据示例,如图 3-4 所示。

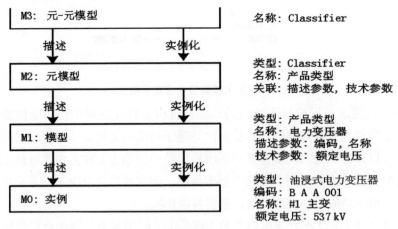

图 3-4　资产领域四层元数据示例 1 元–元模型层（M3）

1. 元-元模型层（M3）

MOF 模型，示例中用的是 Classifier 元素。

2. 元模型层（M2）

产品类型元类，定义产品类型的元属性、元关系。

示例表达了"产品类型"应从描述参数、技术参数两个维度刻画资产特性参数，其类型为 MOF 模型的 Classifier。

3. 模型层（M1）

企业需要关注产品类型，定义类型名、参数规范。

示例给出了"油浸式电力变压器"的描述参数规范（编码、名称）和技术参数规范（额定电压）。

4. 实例层（M0）

企业管理的具体设备实例，描述编码、名称及技术参数值。

示例给出了设备实例的相关信息。产品类型：油浸式电力变压器；名称：#1 主变；编码：BAA 001；额定电压：537 kV。

3.3.2.2   工单领域四层数据示例

工单领域四层元数据示例，如图 3-5 所示。

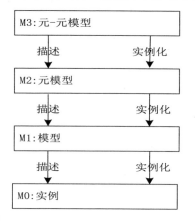

图 3-5   工单领域四层元数据示例

1. 元-元模型层（M3）

MOF 模型，示例中用的是 Classifier 元素。

2. 元模型层（M2）

工单类型元类，定义工单类型的元属性、元关系。

示例表达了"工单类型"应从适用品类、作业项目类型两个维度刻画适用范围及工作内容，其类型为 MOF 模型的 Classifier。

3. 模型层（M1）

企业需要关注工单类型，定义适用品类、包含的作业项目类型。

示例给出了"变压器检修工单"适用于"电力变压器"品类，包含"吸湿器的检查处理"作业项目。

4. 实例层（M0）

企业管理的具体工单实例，检修工单名称、检修设备、检修结果。

示例给出了工单实例的相关信息。类型：变压器检修工单；工单实例：[2019年1月1日] #1 主变 C 修工单；电力变压器实例（检修设备）：#1 主变；吸湿器的检查处理结果：正常。

3.4 语言模型刻画

3.4.1 概念分层

为了准确、清晰地表达建模概念，这里结合"四层元数据体系结构"，按照抽象层级对建模概念做了如下分层（图 3-6）。

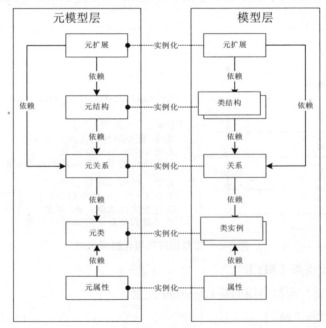

图 3-6 概念分层

1. 类概念

应用在 M2 层称为"元类"，用来模型化 MOF 元对象；应用在 M1 层称为"类实例"，用来模型化 M1 层对象；M1 层的类实例是 M2 层元类的实例化。

2. 关系概念

应用在 M2 层称为"元关系"，用来模型化元对象之间的二元关系；应用在 M1 层称为"关系"，用来模型化 M1 层对象间的二元关系；M1 层的关系是 M2 层元关系的实例化。

3. 属性概念

应用在 M2 层称为"元属性"，定义特征的采集格式；应用在 M1 层称为"属性"，采集类实例的特征项；M1 层的属性是 M2 层元属性的实例化。

4. 结构概念

应用在 M2 层称为"元结构"，是以业务注焦点及组织规则为原则，有序组织元对象后搭建的框架结构；应用在 M1 层称为"类结构"，以元结构为组织框架、类实例为节点、关系为配置约束构建的业务模型；M1 层的类结构是 M2 层元结构的实例化。

5. 扩展概念

应用在 M2 层称为"元扩展"，以元结构为核心、节点对象的元关系为扩展约束，开展基于元结构的业务主题框架建模；应用在 M1 层称为"类扩展"，以元扩展为框架，构建的基于类结构的业务主题模型；M1 层的类扩展是 M2 层元扩展的实例化。

3.4.2　抽象语法

抽象语法用于定义语言的结构以及它们之间的关系，也称为语言模型。抽象语法要满足对领域内模型对象、关联法则的定性表达，支撑领域建模行为。

这里，我们针对电力企业生产领域的建模诉求，基于 MOF 开展了定制化裁剪以及个性化设计，最终确定了适用于当前领域的抽象语法。主要涵盖 13 个建模概念，对应语法描述如下。

3.4.2.1　域

实质上"域"是一种特殊的包，不过将这种分类场景限定在更宏观的业务类型上，用来对业务领域边界进行界定；将支撑某类业务领域范畴所需的元对象划分到同一个域下，域内对象间的元关系不受限制；不同域间的元对象相互关联，则要提前声明这两种"域"支持引用；采用此方式有利于实现业务对象的解耦、降低关联复杂度。

域的基本特征见表 3–1。

表 3–1　域的基本特征

特征	描述
名称	领域名称，是唯一的
描述	对业务域的辅助性说明
引用域	定义引用的域，可以是多个

3.4.2.2　包

实现模块化分类；按照业务模块化的需要，对元对象、元结构、元扩展进行分类整理，比如资产台账包下管辖的元对象有设施类型、设备类型、功能分组类型、成套设备类型。

包的基本特征见表 3–2。

表 3–2　包的基本特征

特征	描述
名称	包名，是唯一的
路径	描述包在模型中的位置
父包	实现结构化分类整理
域	描述包所归属的域

3.4.2.3　数据类型

用来定义模块化数据，约束属性的值域；包含基本类型和枚举类型，基本类型主要包含常见的整型、串类型、布尔型、浮点型、日期型等；枚举类型则是根据业务需求，自定义枚举对象及包含的枚举值。

3.4.2.4　元类

用来模型化 MOF 元对象；为降低 M2 层模型复杂度，应用中限定 M2 层类对象（元类）无子类概念，仅用来定义抽象的元对象概念；另外，元类固化元关系和元属性，元关系用来描述元类和其他对象的关联，元属性用来定义元类自身的抽象特征。

比如，在电力企业生产域资产台账的建模过程中，构建的元类有 [设施类型]、[功能分组类型]、[设备类型] 等。

元类的基本特征见表 3-3。

表 3-3　元类的基本特征

特征	描述
名称	在元类范围内是唯一的
描述	对当前元类的辅助性说明
包	描述元类的位置，属于哪个"包"下的对象

3.4.2.5　类实例

类实例是元类的实例化。实例化是指：M2 定义抽象概念，也就是"元对象"，M1 层对这种抽象概念进行业务细分，产出 M1 层的类实例；元对象本质是对 M1 层类实例的再抽象，实现不同类实例的归集和概念划分。

比如，在电力企业生产域资产台账的建模过程中，构建的元对象有 [设施类型]，在 M1 层的类实例有 [发电厂]、[配电站] 等。

"元类"章节明确说明 M2 层元类无子类概念，仅定义抽象的元对象概念；但是，为了使元对象的类实例在 M1 层中表达更精细、满足对垂直领域的细分要求，在设计类实例时引入子类概念（类实例允许建立子类，子类又允许建立它的子类），这种对类实例垂直细分的数据形态，也被称为"结构化"数据。比如，对类实例 [发电厂] 进一步垂直细分，如 [水力发电厂]、[燃气电厂] 等，见表 3-4。

表 3-4　类实例的"结构化"示例

元类	类实例		
设施类型	发电厂	水力发电厂	常规水力发电厂
			抽水蓄能电厂
		燃气电厂	
	储能站		

同样的，类实例也固化有属性和关系，用来共同描述类的自身特征和业务联系；不过，这种描述是受限的，是在元类提前设定的，不允许越出元关系、元属性定义的边界。

比如，在电力企业生产域资产台账的建模过程中，M2 层构建 [设施类型] 和 [功能分组类型]，并建立元关系：设施包含的功能分组。M1 层这两种抽象概念的类实例就必然存在联系。例如，[发电厂] 关联 [机组保护系统]，这里的 [机组保护系统] 只能是 M2 层 [功能分组类型] 的类实例。

类实例的基本特征见表 3-5。

表 3-5　类实例的基本特征

特征	描述
名称	在类实例范围内是唯一的
父类	描述类实例的继承对象，一个类只允许有一个父类。继承范围包含：父类的属性和关系
元类	说明该类实例所属的元类对象
是否抽象	用作标记，抽象类不作为关系的目标对象

3.4.2.6　元关系

用来模型化元对象之间的二元联系，描述两个元对象之间的联系。

比如，在电力企业生产域资产台账的建模过程中，元关系"设施包含的功能分组"描述的是元对象 [设施类型] 和 [功能分组类型] 的联系；元关系"功能分组包含的设备"描述的是元对象 [设备类型] 和 [功能分组类型] 的联系。

另外，由于关联具有双向性，以不同对象为主体描述是不同的；比如 [学生] 和 [老师]，从学生视角称为"学生的老师"，从老师视角称为"老师的学生"。虽然，二者描述的是同一种关系，但是对这种关系量化时，却出现本质差异；基数同样是 [一对多]，"老师的学生"表达的是一个老师可以教授多个学生，"学生的老师"表达的是一个学生有多个授业老师，很显然二者赋予的含义截然不同。因此，为了避免量化的歧义，约定元关系是单向描述的，发起关联的为"源类"，被关联的为"目标类"，以发起方为主体来描述这种量化的"基数"。

元关系的基本特征见表 3-6。

表 3-6　元关系的基本特征

特征	描述
名称	在元关系范围内是唯一的
基数	描述元关系的目标对象数量逻辑，可以是"一对一"或者"一对多"
角色	基于应用场景，对元对象标记的场景标签
源类	元关系的发起方，是一个"元对象"
目标类	元关系的目标对象，一条元关系只能指定一个元对象为目标类
关系类型	定义 M1 层关系的目标对象选取原则；可以是"增量类型"或者"收敛类型"，两种类型的诠释见"关系"小节

3.4.2.7　关系

这里的"关系"是元关系的实例化。实例化是指：M2 层定义的关系描述了两个元对象概念间的联系，这一元关系到 M1 层就转换为两个元对象的 M1 层实例间存在必然联系，即 M2 层源类选定某个元对象作为元关系的目标类；M2 层源类在 M1 层的实例必然存在一条"关系"，且该关系的目标类必然是 M2 层目标类在 M1 层的实例。

比如，在电力企业生产域资产台账的建模过程中，M2 层，构建 [设施类型] 和 [功能分组类型] 的元关系"设施包含的功能分组"；M1 层，[设施类型] 的 M1 层实例必然存在一条关系"设施包含的功能分组"，且该关系的目标类已经被约束为"[功能分组类型] 的 M1 层实例范围内"。

因此，关系受限于元关系定义的规则约束，例如，"目标元类"约束关系目标类的元类类型，"基数"限制关系的目标对象数量，"关系类型"限制目标对象的选取原则等，这些都是关系的基本特征。

这里着重解释下"关系类型"。以不违背关系目标类的元类类型约束为前提，二者的区别体现在 M1 层目标类的选取方式上。"类实例"章节我们说过类实例是"结构化"的，意味着类实例采用树状形态组织，一层一层地不断细分对象；那么，从树状数据中选取目标对象就存在两种类型：收敛类型、增量类型。

收敛类型：关系的源类和目标类都是结构化数据；源类的子节点继承父节点关系，子节点的目标对象缺省选中父节点目标对象，同步调整子节点目标类候选范围；允许子节点进一步细化关系的目标对象，从子节点目标类的范围中选择适用子节点的目标对象，支持选中更下级的节点。细化完成，该关系继续向子节点的下级继承。

增量类型：关系的目标类范围不断扩大；对比于收敛类型，目标对象集合随着结构化层次的深度不断扩充。子节点继承父节点的目标对象，并支持追加同元类类型下的其他类实例为目标对象，实现目标对象的扩充。

关系类型示例如图 3-7 所示。

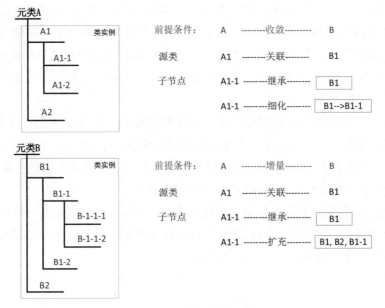

图 3-7　关系类型示例

关系的基本特征见表 3-7。

表 3-7　关系的基本特征

特征	描述
名称	关系范围内是唯一的，描述两个 M1 层对象间的联系
元关系	说明该关系所属的元关系
目标元类	由元关系指定
关系类型	由元关系指定
基数	由元关系指定
源类	关系的发起方，是一个"类实例"
目标类	关系的目标对象，从元关系目标类的实例中选取，选取数量受[基数]约束

另外，由于类实例是"结构化"的，关系描述的是类实例间的业务联系；对于子类继承父类时，就涉及关系的操作特征，如继承、终止。

关系的操作特征见表 3-8。

表 3-8　关系的操作特征

特征	描述
继承	M1 层类实例，子节点继承父节点关系的目标对象

特征	描述
终止	M1 层类实例，子节点删掉继承的目标对象，则该目标对象不再继承

3.4.2.8 元属性

元属性是对元类共性特征的抽象描述，定义特征的采集格式。

比如，在电力企业生产域资产台账的建模过程中，M2 层，定义的元类 [设备类型] 的元属性有：设备资产等级、设备的缺陷表象。其中，设备资产等级的值域类型对应的是数据类型中的"资产等级"的枚举对象，枚举值有 T 级资产、F 级资产；设备的缺陷表象的值域类型对应的是一个元类 [缺陷表象]，它的类实例有 [过热]、[滴油]、[漏电] 等。M1 层，元类 [设备类型] 的类实例 [变压器]，它的属性有资产等级（T 级资产）、变压器的缺陷表象（过热、漏电等）等。

元属性的基本特征见表 3-9。

表 3-9 元属性的基本特征

特征	描述
名称	唯一的，抽象特征的描述
值域类型	可以是一个数据类型，或元类

3.4.2.9 属性

属性是类自身的固有特征，实现类自身特性的可视化收集，属性是元属性的实例化。

属性的基本特征见表 3-10。

表 3-10 属性的基本特征

特征	描述
名称	唯一的，是类某一特征的称谓名
值域	属性的值
是否继承	划分为私有属性和公有属性，私有属性不允许子类继承

3.4.2.10 元结构

元结构是以业务注焦点及组织规则为原则，有序组织元对象后搭建的框架结构。这种组织方式很像树结构，不过，不是任意一个元对象都能作为下级节点，它受限于元对象间建立的元关系，必须先存在元对象间的关联，然后才能按需将这种关联的目标对象配置到树的下级。

元结构在定义不同元对象抽象概念间的组织次序时，存在一种业务诉求：元结构上节点对象配置自身为子节点，构成"自循环"，比如，电力企业生产域构建的"资产台账元结构"（图 3-8）中的 [功能分组类型]、[组件类型] 都具备这样的场景。这里以 [功能分组类型] 为例，说明这种"自循环"的逻辑。

```
▼ 🖼 设施类型
    ▼ ⓡ 🖼 功能分组类型 ↻
        ⓡ 🖼 功能分组类型 ↻
        ⓡ ⚙ 设备类型
    ▼ ⓡ ⚙ 成套设备类型
        ▼ ⓡ ▱ 组件类型 ↻
            ⓡ ▱ 组件类型 ↻
            ⓡ ⬤ 部件类型
        ⓡ ⬤ 部件类型
```

图 3-8　资产台账元结构

在 M2 层，元结构中 [功能分组类型] 的子节点有 [功能分组类型]、[设备类型]、[成套设备类型]。意味着 [功能分组类型] 是由 [设备类型] 和 [成套设备类型] 两种不同元对象"组织"的。那么，子节点的 [功能分组类型] 如何解释？把它理解成"子功能分组类型"，相当于在类结构组织时进一步细分，好比"系统下还有子系统"，目的是拆分得更精细。那么，还需要对子节点的 [功能分组类型] 再配置一次？其实不用，因为它自身也是 [功能分组类型]，默认适用父节点的组织对象，这里不需要对自身组织再描述。

在 M1 层，类实例是按类型细分，比如，[主变区域] 是对 [发输配厂站区域] 的细分、[主变间隔] 是对 [功能间隔] 的细分。但是，它们都属于 [功能分组类型] 这一抽象概念，如图 3-9 所示。而从功能位置角度组织的"发电厂资产台账结构"中，[主变区域] 的功能组织包含 [主变间隔]，很显然，这是 [功能分组类型] 的两个类实例对象在系统功能组织过程中的应用表现。

尽管基于功能角度组织的"类结构"和基于类型细分的"类实例"是两个不同业务维度。但是，出于构建"发电厂资产台账结构"的需要，会建立同一元对象间的自关联，构成"自循环"，阐述 M1 层实例的自包含逻辑。

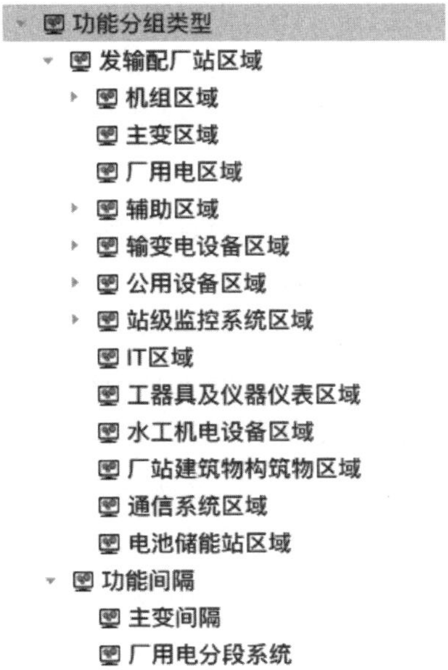

图 3-9　功能分组类型的类实例

元结构的基本特征见表 3-11。

表 3-11　元结构的基本特征

特征	描述
名称	在元结构范围内是唯一的
描述	对当前元结构的辅助性说明
父节点	一个节点对象有且只有一个父节点；根节点不存在父节点
节点对象	一个元类对象，基于节点对象配置子节点
是否根节点	元结构有且只有一个根节点，要求元结构的构建必须基于根节点开始向下配置
自循环标记	节点对象配置自身为子节点的标记，存在这种标记的子节点禁止配置

3.4.2.11　类结构

　　元结构定义组织框架，类结构是基于组织框架产出的应用结构。组织框架包含：元对象和组织次序，这里的元对象就是上文中的"元类"，组织次序就是有序选择的"元关系"；在类结构的构建过程中，只有参与元结构的元类、元关系的实例才有资质构建类结构；所以说，类结构是元结构的实例化。

　　类结构的构建首先从根节点开始。只能从元结构根节点的 M1 层实例中选取一个类实例对象作为该类结构的根节点，并基于该类实例，配置子节点；配置

31

过程受限于参与元结构的元关系，子节点来源于该元关系 M1 层实例关联的目标对象。

这里以"资产台账元结构"（图 3-8）到"发电厂资产台账结构"（图 3-10）为例，说明类结构的构建过程。

首先，M2 层，选定 [设施类型] 为"资产台账元结构"的根节点，为了将 [功能分组类型] 作为其子节点，这里选择了一条"设施包含的功能分组"的元关系完成子结构的配置，最终实现图 3-9 的组织形态。M1 层，在构建类结构"发电厂资产台账结构"时，它的根节点只能从元结构根节点 [设施类型] 的 M1 层实例中选定，这里选择了类实例 [发电厂] 作为类结构的根节点，然后以 [发电厂] 的元关系"设施包含的功能分组"的 M1 层实例关系的目标类为子节点配置，选定 [机组区域]、[主变区域] 等构成子节点，以此类推，最终完成"发电厂资产台账结构"的构建。基于资产台账元结构产出的"发电厂资产台账结构"如图 3-10 所示。

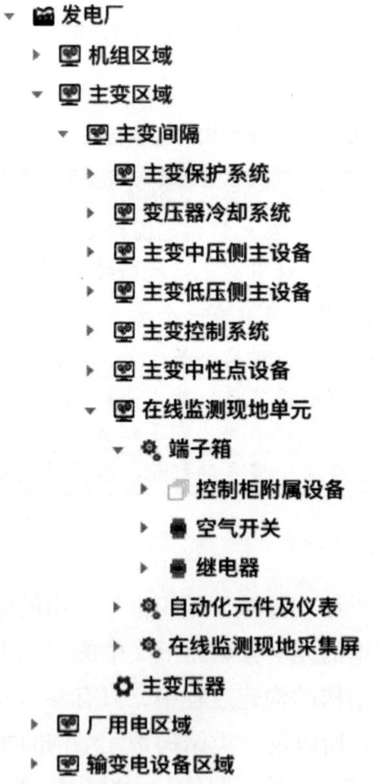

图 3-10　发电厂资产台账结构

类结构的基本特征见表 3-12。

表 3-12　类结构的基本特征

特征	描述
名称	在类结构范围内是唯一的
描述	对当前类结构的辅助性说明
元结构	对应的 M2 层元结构，类结构的构建受元结构组织形态约束
是否根节点	只能从元结构的根节点的实例中选取一个作为该类结构的根节点
父节点	一个节点对象有且只有一个父节点；根节点不存在父节点
节点对象	一个类实例，基于节点对象配置子节点

3.4.2.12　元扩展

以元结构为核心，开展基于元结构的主题应用建模，也称为"扩展模型"；强调主题应用依赖于特定场景，而这个特定场景是指"结构模型内的某个对象对应的应用诉求"。

比如，电力企业生产域的设备维修是围绕着资产台账开展的，业务上要求以资产台账组织的功能位置树来构建适用于该功能位置树的设备维修主题模型，强调维修项目针对的是处于功能位置树上（特定场景）的物理设备，并以设备所处的功能位置对系统稳定性的影响为关注点制定维修策略；该模型包含了检修等级、检修项目类型等信息，而这些信息取决于设备在系统中的重要度，而不局限于设备功能故障对产品自身的影响。在实际构建中，维修领域的元对象有 [检修试验项目类型]、[检修等级类型] 等，构建元扩展"设备维修主题框架"时，以元结构"资产台账元结构"为核心，围绕该元结构上的 [设备类型] 元对象节点建立与维修领域的元对象 [检修试验项目类型] 的二元联系，完成资产台账结构模型和维修信息模型的对接，实现 M2 层"设备维修主题框架"的设计，然后在M1 层，基于元扩展"设备维修主题框架"，产出类扩展"设备维修主题模型"，从而实现资产台账上的每一个物理设备都对应用有其维修策略，构建了一体化的业务生态。

"扩展模型"就是为了解决这一业务诉求而设计的。它要求构建元扩展时，必须引用一个确定的元结构；基于该结构，针对结构的节点对象建立与当前业务对象的联系。

元扩展的基本特征见表 3-13。

表 3–13　元扩展的基本特征

特征	描述
名称	在元扩展范围内是唯一的
描述	对当前元扩展的辅助性说明
引用的元结构	一个元扩展有且只能引用一个元结构，围绕其开展主题框架建模
目标节点	元结构的节点对象
扩展对象	一个元对象，用来建立和目标节点的关联

3.4.2.13　类扩展

类扩展是元扩展的实例化。实例化是指：类扩展的组织形态受元扩展的框架约束；M2 层，元扩展使用元结构、元类完成主题框架设计；M1 层，类扩展使用类结构、类实例完成业务主题模型组织，其中类实例是元类的实例数据 、类结构是元结构的实例数据。

比如，在电力企业生产域的设备维修主题模型中，M2 层引用"资产台账元结构"，构建了元扩展"设备维修主题框架"，其中设定了节点对象 [设备类型] 关联 [检修试验项目类型]。在 M1 层，会构建一个"发电厂的设备维修主题模型"的类扩展实例，其中引用了 "发电厂资产台账结构模型"，并围绕其建立起完善的维修策略。例如，发电厂资产台账结构模型中的 [变压器] 会对接 [变压器检修项目]，这里的类实例 [变压器] 是元类 [设备类型] 的实例化数据、类实例 [变压器检修项目] 是元类 [检修试验项目类型] 的实例化数据。可见，类扩展的组织都是在元扩展的约束下进行的。

类扩展的基本特征见表 3–14。

表 3–14　类扩展的基本特征

特征	描述
名称	在类扩展范围内是唯一的
描述	对当前类扩展的辅助性说明
元扩展	对应的 M2 层元扩展，类扩展的构建受元扩展的框架约束
引用的类结构	一个类扩展有且只能引用一个类结构，围绕该类结构开展主题建模
目标节点	类结构的节点对象
扩展对象	一个类实例，用来建立和目标节点的关联

3.5　建模工具设计

为实现电力企业生产域的模型构建，模型设计人员结合业务的建模诉求，面向问题域，提出了一套适用于当前领域的 DSL 设计。同样的，为确保这套 DSL 能够落地应用，必须提供配套的建模工具，实现对理论的支撑。因此，本节从 IT 工具产品设计的角度，阐述了这套专用建模工具的功能设计。

3.5.1　技术架构

领域信息模型驱动架构分为元建模工具、领域建模工具框架、领域模型发布、数字化应用四个层次，如图 3-11 所示。

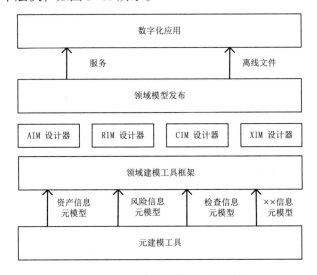

图 3-11　领域信息模型驱动架构

①元建模工具主体要求采用业界标准 OMG 的 MOF元-元模型作为架构，并根据企业自身特点进行适应性剪裁与扩充。

②元建模工具输出领域元模型。

③领域建模工具是一个框架，支持解释领域元模型并具备领域模型的建模能力，输出领域模型。

④领域模型发布负责模型的版本管理及对数字化应用授权，领域模型发布支持两种形式，即微服务、离线文件，适用于不同的交换场景。

⑤数字化应用获取领域模型后固化在系统内作为配置或规则数据，是数字化应用运转的依据。

3.5.2　元模型工具

元模型工具界定领域边界，定义抽象概念，限定关系场景以及业务的组织框架，完成业务的顶层设计。领域专家借助元模型工具产出业务元模型，业务元模型主要用来构建低层级的业务模型。

元模型工具的具体功能包括：

①域管理：用于界定业务元模型的边界，是模型发布的最小单位。

②包管理：用来实现模型对象的模块化分类。

③元类管理：用于对自定义的 M2 层的模型对象进行维护管理。

④元关系管理：用于建立元类与元类之间的二元联系，阐述对象之间的相关性。

⑤元属性管理：元属性在元类中被定义，应用于元类的实例层。元属性可以是一个或者多个；元类借助元属性对实例的属性特征抽象化定义属性的命名规范、类型约束。

⑥元结构管理：元结构是一种采用树型方式，以业务的注焦点以及组织规则为原则，按需组织类对象搭建形成的业务框架。本质上是基于元类和元关系搭建出的衍生产物，指导或约束 M1 层业务模型结构。

⑦元扩展管理：以元结构为核心，开展基于元结构的主题应用规划建模，强调扩展应用依赖于元结构的特定场景，即以元结构的节点为配置对象，定义适用于该节点对象的目标类；强调该目标类是基于整个元结构的特定场景，建立的适用于该节点的应用联系。这种以元结构节点为对象，定义目标类的行为视为"扩展"；配置形成的结构视为"元扩展"。

⑧数据类型管理：数据类型主要有两种类型，即基本类型与枚举类型，用来约束元属性的值域范围。

3.5.3　模型工具

模型工具具备对"业务元模型"的解析能力，能够将业务的顶层设计进一步实例化，产出的是业务模型。

模型工具的具体功能包括：

①类实例管理：类是对模型层（M1）模型化对象的描述，也是 M2 层模型对象元类的实例数据。类固化有属性和关系，属性描述类自身的固有特性，关系描述类与其他模型化对象之间的联系。

②属性管理：属性是类自身的固有特征，M2 层的元属性为了抽象化这种固

有特征,定义了描述属性的命名规则、数据类型等; M1 层在 M2 层元属性的规范下,添加属性数据,完成类自身特性的可视化收集。

③关系管理:关系实例化管理包含对类关系开展继承管理、关系模式约束、多重性约束、变更管理。

④类结构管理:类结构是以业务模型对象(类实例)为节点、模型对象间的二元联系(类关系)为挂接约束,搭建的一种采用树视图展示的数据形态,阐述的是业务之间的规则以及应用逻辑。类结构受元结构的约束,元结构定义类结构的挂接框架,类结构是元结构的实例化。类结构的管理主要是指类结构生成和类结构维护。

⑤类扩展管理:类扩展是元扩展的实例数据。以元扩展为框架,开展对应各维度的业务主题应用,如基于典型设备台账的缺陷主题应用、基于典型设备台账的技术参数规范等。

3.5.4　存储与交换

针对模型的存储与交换,本节给出了专用建模工具的物理模型、交换框架以及接口规范示例。

3.5.4.1　物理模型

物理模型如图 3-12 所示。

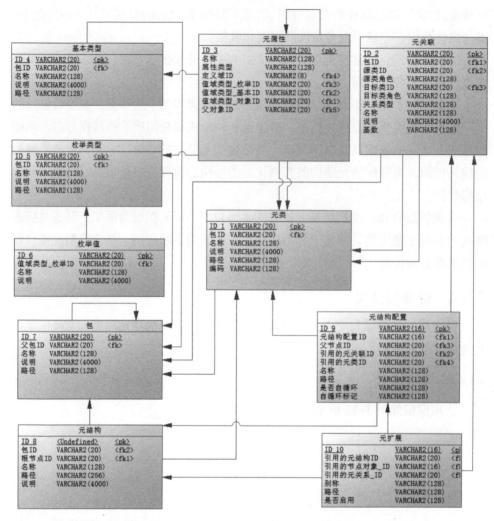

图 3-12 物理模型

物理模型各模块名称、字段及说明见表 3-15。

表 3-15 物理模型各模块名称、字段及说明

名称	字段	说明
包	META_PACKAGE	实现模块化分类
元类	META_CLASS	用来模型化 MOF 元对象
元关联	META_ASSOCIATION	用来模型化元对象之间的二元联系
元属性	META_PROPERTY	用来对元类的自身特征进行定义
元扩展	META_EXPAND	基于元结构展开的业务主题应用模型

名称	字段	说明
元结构	MEAT_MODELING	以业务组织规则衍生出的业务框架模型
元结构配置	MEAT_MODELING_ITEM	元结构的节点配置详情
基本类型	META_PRIMITIVE_TYPE	约束属性的值域。主要包含常见的整型、字符串类型、布尔型、浮点型、日期型
枚举值	META_ENUMERATION_LITERAL	定义枚举对象的值列表
枚举类型	META_ENUMERATION	根据业务需求，自定义模块化数据，约束属性的值域类型

3.5.4.2　交换框架

模型工具充当资源的交换平台，既能从 IT 层面满足业务模型的迁移、引用，又能从业务层面将业务模型转化为规则或数据，支撑或约束业务应用。交换框架如图 3-13 所示。

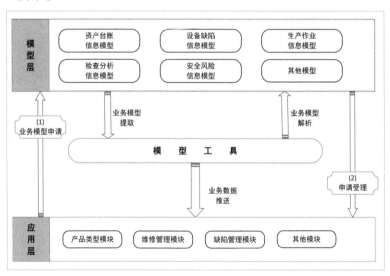

图 3-13　交换框架

模型层利用模型工具实现业务模型导入、业务模型导出。具体实现方式：模型工具从业务模型中提取对象元素、建模要素，打包为数据集，供第三方获取；第三方获取数据集后借助模型工具解析、产出对应业务模型；交换元素主要有模型对象和结构对象。

应用层利用模型工具获取业务数据，支撑业务应用。具体实现方式：应用层向模型层申请业务模型，受理后，模型工具提取该业务模型并加工成业务数据，推送给应用层，由应用层主动获取更新。获取数据主要有类实例数据、类结构数据。

交换要求如下：

①交换方式。模型层间的业务模型交换、模型层与应用层间的业务数据交换统一采用服务接口的方式获取资源。

②交换格式。采用"Json"存储和表示数据。

3.5.4.3 接口规范示例

示例 A 模型对象接口规范示例

```
{
    "total": 2,
    "version": "metaModel_000001_classModel_0000001",
    "rows": [
        {
            "id": "0170f17b1b0347cea6390c340dd8ead2",
            "parentid": "fbfd379133894a689e3b274d89bb86e5",
            "name": " 机柜类 ",
            "metaClassId": "e5daa4b27b1c40ab94105310f8408d58",
            "description": null,
            "is_abstract": "0",
            "pathid":
"e5daa4b27b1c40ab94105310f8408d58/fbfd379133894a689e3b274d89bb86e5/0170f17b1b
0347cea6390c340dd8ead2/",
            "ordernum": 5027,
            "iconurl": "static/img/metaMain/3.png",
            "associationList": [],
        },
        {
            "id": "01d5c740acb045fa8fea20a957757a2c",
            "parentid": "ab284b6e07f44d1e814f347a259da224",
            "name": " 调压井闸门系统 ",
            "metaClassId": "e5daa4b27b1c40ab94105310f8408d58",
```

```
"description": null,
  "is_abstract": "0",
"pathid":
"e5daa4b27b1c40ab94105310f8408d58/c0dc301cfa8f4c8b9a28ceab9bd6506c/ab284b6e07
f44d1e814f347a259da224/01d5c740acb045fa8fea20a957757a2c/",
    "ordernum": 126327,
    "iconurl": "static/img/metaMain/3.png",
    "associationList": [
        {
            "id": "14a6b354c1bc4e309685bb35143d8461",
            "name": " 构成功能分组的功能分组类型 ",
            "description": null,
            "relationType": "0",
            "metaSrcClass": "e5daa4b27b1c40ab94105310f8408d58",
            "srcClass": "01d5c740acb045fa8fea20a957757a2c",
            "metaTgtClass": "e5daa4b27b1c40ab94105310f8408d58",
            "baseNumber": "1:N",
              "is_stop": "0",
            "tgtClassIds": "4fab358c90654a9692e82053cb7278bd",
            "tgtClassList": [
                {
                    "id": "4fab358c90654a9692e82053cb7278bd",
                    "parentid": "f706672f5f9d4fbc8a3f3e49c2f7fc05",
                    "name": " 闸门控制系统 ",
                    "pathid":
"e5daa4b27b1c40ab94105310f8408d58/c0dc301cfa8f4c8b9a28ceab9bd6506c/f706672f5f9
d4fbc8a3f3e49c2f7fc05/4fab358c90654a9692e82053cb7278bd/",
                    "ordernum": 123477,
                        "iconurl": "static/img/metaMain/3.png",

                }
            ],
        }
```

```
            "ordernum": 717950,
        },
        {
            "id": "e2358bd124c74022acbd5475990741ae",
            "name": " 构成功能分组的设备类型 ",
            "description": null,
            "relationType": "0",
            "metaSrcClass": "e5daa4b27b1c40ab94105310f8408d58",
            "srcClass": "01d5c740acb045fa8fea20a957757a2c",
            "metaTgtClass": "30585d052a244b98887893d8bab1e0d2",
            "baseNumber": "1:N",
                "is_stop": "0",
            "tgtClassIds":
"282426d636be4905ac79413b7d13ea70,2262cbed55fc4a5b8f3fde6d1da7be8a",
            "tgtClassList": [
                {
                    "id": "2262cbed55fc4a5b8f3fde6d1da7be8a",
                    "parentid": "51d6b8850b7449b8976c050081b25af3",
                    "name": " 尾闸接力器 ",
                        "is_stop": "0",
                    "pathid":
"30585d052a244b98887893d8bab1e0d2/51d6b8850b7449b8976c050081b25af3/2262cbed5
5fc4a5b8f3fde6d1da7be8a/",
                    "ordernum": 123477,
                    "iconurl": "static/img/metaMain/6B.png",
                },
                {
                    "id": "282426d636be4905ac79413b7d13ea70",
                    "parentid": "51d6b8850b7449b8976c050081b25af3",
                    "name": " 闸门启闭机 ",
                        "is_stop": "1",
                    "pathid":
```

"30585d052a244b98887893d8bab1e0d2/51d6b8850b7449b8976c050081b25af3/282426d63
6be4905ac79413b7d13ea70/",

                          "ordernum": 123467,

                          "iconurl": "static/img/metaMain/6B.png",

                  },

              ],

              "ordernum": 717970,

          },

        ],

      },

    ]

}

示例 B   结构对象接口规范示例

{

  "total" : 5,

  "version": "metaModeling_000001_classModeling_0000001",

  "root_id": "0000cafbe9d341078d8d5efac368ccb2",

  "rows" : [{

    "id" : "0000cafbe9d341078d8d5efac368ccb2",

    "parentid" : null,

    "classid" : "b5bcc75807cc48bf86c095dfe9546f00",

    "name" : " 发电厂 ",

    "description" : null,

    "pathid" : "560aacadeddb4101aab1f0251b5b1347/0000cafbe9d341078d8d5efac368c
cb2/",

    "ordernum" : 1,

    "iconurl" : "static/img/metaMain/fadianchang.png",

    "is_stop" : "0",

    "association_id" : "5e17f86ee1284be78440501c8e99ac71/",

  },{

    "id" : "d223d2556255465ba7c5f91b4c06b44f",

43

　　"parentid" : "0000cafbe9d341078d8d5efac368ccb2",

　　"classid" : "b5bcc75807cc48bf86c095dfe9546f1d",

　　"name" : " 主变区域 ",

　　"description" : null,

　　"pathid" : "0230b48f6d3b4a4090da61ec76776a37/d223d2556255465ba7c5f91b4c06

b44f",

　　"ordernum" : 1,

　　"iconurl" : "static/img/metaMain/gongnfenzu.png",

　　"is_stop" : "0",

　　"association_id" : "51d6b8850b7449b8976c050081b25af3/",

　}，{

　　"id" : "00fe4d8f06c045ec8f67b5115616d95b",

　　"parentid" : "0000cafbe9d341078d8d5efac368ccb2",

　　"classid" : "b5bcc75807cc48bf86c095dfe9545f0d",

　　"name" : " 功能子系统 ",

　　"description" : null,

　　"pathid" :

"0230b48f6d3b4a4090da61ec76776a37/18511e896f354ed9b25402c397ba5fc9/00fe4d8f06c

045ec8f67b5115616d95b",

　　"ordernum" : 2,

　　"iconurl" : "static/img/metaMain/gongnfenzu.png",

　　"is_stop" : "0",

　　"association_id" : "d0c8c59bd49f443d9ab83b17273d5509/",

　}，{

　　"id" : "00fe4d8f06c045ec8f67b5315616d95b",

　　"parentid" : "0000cafbe9d341078d8d5efac368ccb2",

　　"classid" : "b5bcc75807cc48bf86c095dfe9545f0d",

　　"name" : " 机组区域 ",

　　"description" : null,

　　"pathid" :

"0230b48f6d3b4a4090da61ec76776a37/18511e896f354ed9b25402c397ba5fc9/00fe4d8f06c

045ec8f67b5315616d95b",

　　"ordernum" : 3,

　　"iconurl" : "static/img/metaMain/gongnfenzu.png",

　　"is_stop" : "1",

　　"associationList": "51d6b8850b7449b8976c050081b25af3",

　},{

　　"id" : "1f37d7f4926c4e3682db30df3b5aba91",

　　"parentid" : "d223d2556255465ba7c5f91b4c06b44f",

　　"classid" : "b5bcc75807cc48bf86c095dfe9566f0d",

　　"name" : " 主变压器 ",

　　"description" : null,

　　"pathid" : "0230b48f6d3r4a4090da61ec76776a37/1f37d7f4926c4e3682db30df3b5aba91",

　　"ordernum" : 1,

　　"iconurl" : "static/img/metaMain/shebei.png",

　　"is_stop" : "0",

　　"association_id" : null,

　}]

}

示例 C　类实例接口规范示例

{

　"total": 2,

　"version": "metaModel_000001_classModel_0000001",

　"rows": [

　　{

　　　"id": "0170f17b1b0347cea6390c340dd8ead2",

　　　"parentid": "fbfd379133894a689e3b274d89bb86e5",

　　　"name": " 机柜类 ",

　　　"metaClassId": "e5daa4b27b1c40ab94105310f8408d58",

　　　"description": null,

　　　"pathid":

"e5daa4b27b1c40ab94105310f8408d58/fbfd379133894a689e3b274d89bb86e5/0170f17b1b
0347cea6390c340dd8ead2/",
            "ordernum": 5027,
            "iconurl": "static/img/metaMain/3.png",
            "associationList": [],
        },
        {

            "id": "01d5c740acb045fa8fea20a957757a2c",
            "parentid": "ab284b6e07f44d1e814f347a259da224",
            "name": " 调压井闸门系统 ",
            "metaClassId": "e5daa4b27b1c40ab94105310f8408d58",
            "description": null,
            "pathid":
"e5daa4b27b1c40ab94105310f8408d58/c0dc301cfa8f4c8b9a28ceab9bd6506c/ab284b6e07
f44d1e814f347a259da224/01d5c740acb045fa8fea20a957757a2c/",
            "ordernum": 126327,
            "iconurl": "static/img/metaMain/3.png",
            "associationList": [
                {
                    "id": "14a6b354c1bc4e309685bb35143d8461",
                    "name": " 构成功能分组的功能分组类型 ",
                    "description": null,
                    "metaSrcClass": "e5daa4b27b1c40ab94105310f8408d58",
                    "srcClass": "01d5c740acb045fa8fea20a957757a2c",
                    "metaTgtClass": "e5daa4b27b1c40ab94105310f8408d58",
                    "tgtClassIds": "4fab358c90654a9692e82053cb7278bd",
                    "tgtClassList": [
                        {
                            "id": "4fab358c90654a9692e82053cb7278bd",
                            "name": " 闸门控制系统 ",
                            "pathid":
"e5daa4b27b1c40ab94105310f8408d58/c0dc301cfa8f4c8b9a28ceab9bd6506c/f706672f5f9

d4fbc8a3f3e49c2f7fc05/4fab358c90654a9692e82053cb7278bd/",
                    "ordernum": 123477,
                        "iconurl": "static/img/metaMain/3.png",
                }
            ],
            "ordernum": 717950,
        },
        {

            "id": "e2358bd124c74022acbd5475990741ae",
            "name": " 构成功能分组的设备类型 ",
            "description": null,
            "metaSrcClass": "e5daa4b27b1c40ab94105310f8408d58",
            "srcClass": "01d5c740acb045fa8fea20a957757a2c",
            "metaTgtClass": "30585d052a244b98887893d8bab1e0d2",
            "tgtClassIds": "2262cbed55fc4a5b8f3fde6d1da7be8a",
            "tgtClassList": [
                {
                    "id": "2262cbed55fc4a5b8f3fde6d1da7be8a",
                    "name": " 尾闸接力器 ",
                    "pathid":
"30585d052a244b98887893d8bab1e0d2/51d6b8850b7449b8976c050081b25af3/2262cbed5
5fc4a5b8f3fde6d1da7be8a/",
                    "ordernum": 123477,
                    "iconurl": "static/img/metaMain/6B.png",
                },
            ],
            "ordernum": 717970,
        },
    ],
    },
  ]
}

47

示例 D　类结构接口规范示例

```
{
  "total" : 4,
  "version": "metaModeling_000001_classModeling_0000001",
  "root_id": "0000cafbe9d341078d8d5efac368ccb2",
  "rows" : [ {
    "id" : "0000cafbe9d341078d8d5efac368ccb2",
    "parentid" : null,
    "classid" : "b5bcc75807cc48bf86c095dfe9546f00",
    "name" : " 发电厂 ",
    "description" : null,
    "pathid" : "560aacadeddb4101aab1f0251b5b1347/0000cafbe9d341078d8d5efac368ccb2/",
    "ordernum" : 1,
    "iconurl" : "static/img/metaMain/fadianchang.png",
  },{
    "id" : "d223d2556255465ba7c5f91b4c06b44f",
    "parentid" : "0000cafbe9d341078d8d5efac368ccb2",
    "classid" : "b5bcc75807cc48bf86c095dfe9546f1d",
    "name" : " 主变区域 ",
    "description" : null,
    "pathid" : "0230b48f6d3b4a4090da61ec76776a37/d223d2556255465ba7c5f91b4c06b44f",
    "ordernum" : 1,
    "iconurl" : "static/img/metaMain/gongnfenzu.png",
  },{
    "id" : "00fe4d8f06c045ec8f67b5115616d95b",
    "parentid" : "0000cafbe9d341078d8d5efac368ccb2",
    "classid" : "b5bcc75807cc48bf86c095dfe9545f0d",
    "name" : " 功能子系统 ",
    "description" : null,
    "pathid" : "0230b48f6d3b4a4090da61ec76776a37/18511e896f354ed9b25402c397ba5f
```

c9/00fe4d8f06c045ec8f67b5115616d95b",

    "ordernum" : 2,

    "iconurl" : "static/img/metaMain/gongnfenzu.png",

  },{

    "id" : "1f37d7f4926c4e3682db30df3b5aba91",

    "parentid" : "d223d2556255465ba7c5f91b4c06b44f",

    "classid" : "b5bcc75807cc48bf86c095dfe9566f0d",

    "name" : " 主变压器 ",

    "description" : null,

    "pathid" : "0230b48f6d3r4a4090da61ec76776a37/1f37d7f4926c4e3682db30df3b5a
ba91",

    "ordernum" : 1,

    "iconurl" : "static/img/metaMain/shebei.png",

  }]

}

3.5.5　模型标识与命名

3.5.5.1　命名约定

1. 基本词

基本词是词汇的核心部分，它长期存在，为构成新词提供基础，组成模型元素的中文名称，是具有独立完整含义、最细粒度且正常惯用的词汇，是对模型元素命名规范管理的基础，所有模型元素的中文名称均由基本词和类词组合而成。

2. 类词

类词是"属性"名称的最后一个词语，反映了属性所选的域组。它是基于人们的语言习惯，在属性名称中，对属性取值类型的反映。

属性的取值都有一定的规则、范围，这些规则在数据模型中以"域"方式定义。同时在习惯的属性命名中，中文名称的最后一个词通常在一定程度上反映了取值属性，为此我们将最后一个词单独出来，以"类词"的方式加以规范管理。

3. 元类及类命名

元类及类命名需遵循"{ 基本词 +…+ 基本词 }+[类词]"的命名规则，其中：

49

基本词必须使用基本词清单中的词语进行组合；类词为可选项，如使用则必须使用类词清单中登记的词语。

例如，"{ 基本词 +…+ 基本词 }"格式类名称：抽水蓄能电站。

4. 元属性及属性命名

属性命名需遵循"{ 基本词 +…+ 基本词 + 类词 }"的命名规则，其中类词是必选项。

每个属性根据其取值的不同，"取值定义"分属不同的域组，每个域组对应一些类词。属性名称必须选取其所属域组对应的类词。具体说明如下：

①取值定义为代码类域组的属性，名称必须以类词"编号"或"ID"结尾。例如，"变压器标识"应命名为"变压器编号"或"变压器 ID"。

②取值定义为指示器类域组的属性，名称必须以类词"标志"结尾。例如，"是否固定资产"应命名为"是否固定资产标志"。

③取值定义为编码类、文本类、金额类、数值类、百分比类、日期类、时间类、日期时间类域组的属性，名称同样需以域组对应类词结尾。

5. 元关系及关系命名规范

①遵循"{ 类 1}+ 和 +{ 类 2}+ 关系"的规则，用"和"字连接，以"关系"结尾。例如，功能位置类型和产品品类关系。

②关联命名主动类在前、被动类在后。

3.5.5.2 标识规则

1. 领域码

领域码用于对象所属领域的编码，是所有对象编码的起始码，领域码由 1 位字符码 + 不定长数字码组成（表 3–16）。

表 3–16　领域码

领域码	领域名	说明
A	生产域	
A1	资产	
A2	设备缺陷	
A3	安全风险	
A4	任务工单	
A5	生产作业	
A6	检查分析	

领域码	领域名	说明
A7	运行	
B	项目域	
B1	…	
E	数据对象	
E1	基本类型	
E2	枚举类型	

2. 对象类型码

对象类型码用于对象所属 MOF 要素类型的编码，由 2 位数字码组成（表 3-17）。

表 3-17　对象类型码

对象类型码	对象类型名	说明
1	M1 模型层	
11	类	
12	类结构	
13	类扩展	
14	关联	
15	属性	
2	M2 元模型层	
21	元类	
22	元结构	
23	元扩展	
24	元关联	
25	元属性	

3. 元类标识

元类的编码格式如图 3-14 所示。

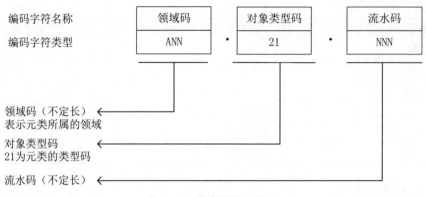

图 3-14　元类的编码格式

在图 3-14 中：

①领域码长度不定，表示元类所属的领域。

②对象类型码长度为 2 位，21 为元类的类型码。

③流水码长度不定，数字码从 1 开始。

4. 元结构标识

元结构的编码格式如图 3-15 所示。

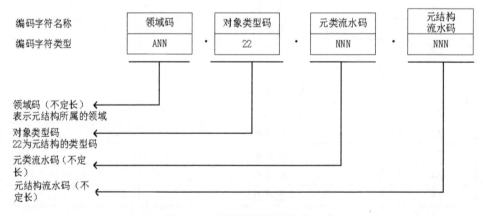

图 3-15　元结构的编码格式

在图 3-15 中：

①领域码长度不定，表示元结构所属的领域。

②对象类型码长度为 2 位，22 为元结构的类型码。

③元类流水码长度不定，为元结构所属根元类的流水码。

④元结构流水码长度不定，数字码从 1 开始。

5. 元扩展标识

元扩展的编码格式如图 3-16 所示。

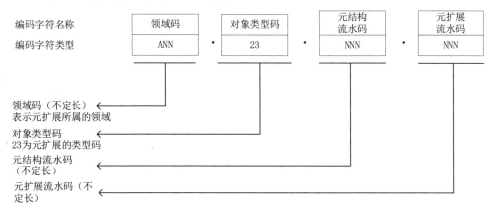

图 3-16　元扩展的编码格式

在图 3-16 中：

①领域码长度不定，表示元扩展所属的领域。

②对象类型码长度为 2 位，23 为元扩展的类型码。

③元结构流水码长度不定，为引用的元结构流水码。

④元扩展流水码长度不定，数字码从 1 开始。

6. 元关联标识

元关联的编码格式如图 3-17 所示。

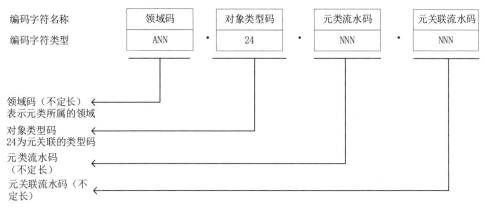

图 3-17　元关联的编码格式

在图 3-17 中：

①领域码长度不定，表示元类所属的领域。

②对象类型码长度为 2 位，24 为元关联的类型码。

③元类流水码长度不定，为元关联所属元类的流水码。

④元关联流水码长度不定，数字码从 1 开始。

7. 元属性标识

元属性的编码格式如图 3-18 所示。

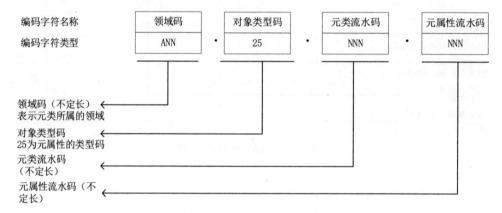

图 3-18 元属性的编码格式

在图 3-18 中：

①领域码长度不定，表示元类所属的领域。

②对象类型码长度为 2 位，25 为元属性的类型码。

③元类流水码长度不定，为元属性所属元类的流水码。

④元属性流水码长度不定，数字码从 1 开始。

8. 类标识

类的编码格式如图 3-19 所示。

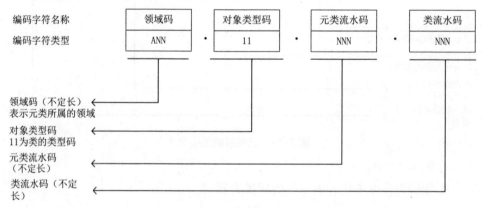

图 3-19 类的编码格式

在图 3-19 中：

①领域码长度不定，表示元类所属的领域。

②对象类型码长度为 2 位，11 为类的类型码。

③元类流水码长度不定，为类所属元类的流水码。

④类流水码长度不定，数字码从 1 开始。

9. 类结构标识

类结构的编码格式如图 3-20 所示。

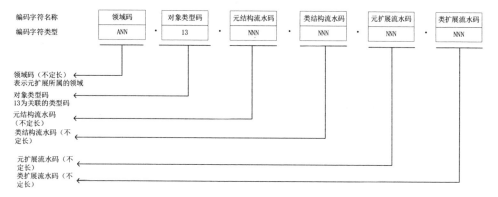

图 3-20　类结构的编码格式

在图 3-20 中：

①领域码长度不定，表示元结构所属的领域。

②对象类型码长度为 2 位，12 为类结构的类型码。

③元类流水码长度不定，为元结构的根元类的流水码。

④类流水码长度不定，为类结构根类的流水码。

⑤元结构流水码长度不定，为类结构所属元结构的流水码。

⑥类结构流水码长度不定，数字码从 1 开始。

10. 类扩展标识

类扩展的编码格式如图 3-21 所示。

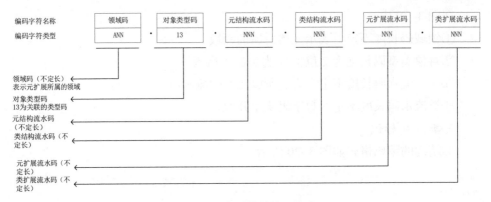

图 3-21　类扩展的编码格式

在图 3-21 中：

①领域码长度不定，表示元扩展所属的领域。

②对象类型码长度为 2 位，13 为类扩展的类型码。

③元结构流水码长度不定，为元扩展引用的元结构流水码。

④类结构流水码长度不定，为类扩展引用的类结构流水码。

⑤元扩展流水码长度不定，为类扩展所属元扩展的流水码。

⑤类扩展流水码长度不定，数字码从 1 开始。

3.5.5.3　标识规则示例

表 3-18 给出一个 M2 层"功能位置类型"元类示例。

表 3-18　"功能位置类型"元类编码示例

编码字符名称	领域码		对象类型码		流水码
编码字符类型	ANN	.	21	.	NNN
实例 1	A1	.	21	.	1
	资产域		元类		第 1 个元类
	A1.21.1				

表 3-19 给出一个 M1 层"主变压器"功能位置类型示例。

表 3-19　"主变压器"元类编码示例

编码字符名称	领域码		对象类型码		元类流水码		类流水码
编码字符类型	ANN	.	11	.	NNN	.	
实例 1	A1	.	11	.	1	.	35
	资产域	.	类		功能位置类型元类流水码	.	第 35 个类
	A1.11.1.35						

56

第4章　电厂生产领域信息建模实例

4.1　资产信息模型（AIM）

4.1.1　模型框

　　图4-1中资产信息模型从功能位置类型、产品品类、空间位置类型三个"面"刻画设备资产。产品品类与功能位置类型安装关系定义设备、部件的功能位置类型适宜安装的产品类型，如"主变压器"功能位置类型适宜安装"电力变压器"产品类型。功能位置类型与空间位置类型布置关系定义适宜布置特定设备的空间位置类型，如"主变压器"功能位置类型适宜布置在"主变洞"空间位置类型内。

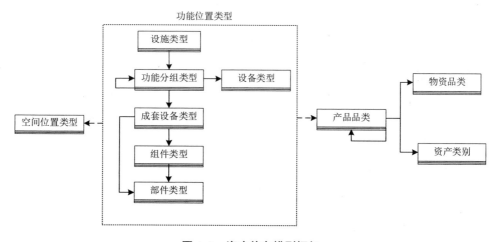

图4-1　资产信息模型框架

4.1.2 功能面、产品面、空间面

4.1.2.1 功能面

功能位置类型用于刻画资产功能面，从功能角度描述资产对象，系统中的逻辑性、相对稳定的节点构成资产台账层次结构，按照层级高低，划分为设施类型、功能分组类型、成套设备类型、设备类型、组件类型、部件类型。

4.1.2.2 产品面

产品类型用于刻画资产产品面，是从物理角度描述资产对象，天然或人造而成的有形事物。产品安装于设备或部件功能位置节点上，在系统中执行某些特定功能。在产品制造到报废的全生命周期过程中，可能在多个功能位置服役。

产品类型一般按照结构形式、材料等进行细分，表 4-1 给出发电机的产品类型示例。

表 4-1　发电机的产品类型示例

专用产品分类
专用电气一次设备
发电机
水力发电机
常规水力发电机
半伞式常规水力发电机

4.1.2.3 空间面

空间位置类型用于刻画资产空间面，表示功能位置所处的空间，例如一个建筑物的房间、一个机柜。空间位置结构是基于空间构成或布局对空间位置的细分。

例如"建筑物–楼层–房间–机柜"是一种典型的空间位置分解结构。

基于领域信息建模技术的元数据分层设计理念，表 4-2 给出资产信息领域对象概念在 M2 ～ M0 层的表达示例。

表 4-2　资产领域概念在 M2 ～ M0 层的表达示例

概念	M0：实例	M1：模型	M2：元模型
功能位置	描述现实世界的功能位置个体及结构关系的集合，如：①A 发电厂的主变间隔、#1 主变、#2 主变；②A 发电厂的主变间隔由 #1 主变、#2 主变构成	定义具体功能类型及结构关系模型，如：①主变间隔类型、主变压器类型、断路器类型；②主变间隔类型包含主变类型	定义功能位置类型及组织结构，如功能分组允许包含设备
产品类型	描述现实世界的产品个体及装配关系的集合，如：① BAGT 10001 / BAGT 10002 油浸式电力变压器、BAGD 00001/ BAGD 00002/ BAGD 00003 电容式套管；② BAGT 10001 主变包含 A/B/C 相 3 个套管部件功能位置，分别安装了 BAGD 00001 ～ BAGD 00003 电容式套管	定义具体产品类型及部件模型，如：①油浸式电力变压器类型、电容式套管类型；②油浸式电力变压器部件模型中包含套管部件功能位置类型	定义产品类型与组件、部件功能位置关系，刻画产品的部件模型
空间位置	描述现实世界的空间位置个体及结构关系的集合，如：①A 发电厂主厂房、主厂房一层、主变洞；②A 发电厂主厂房包含三个楼层	定义具体空间位置类型及结构关系模型，如：①建筑物类型、楼层类型、房间类型；②建筑物类型包含楼层类型	定义空间位置类型及自聚合结构关系
功能位置与产品安装关系	设备、部件功能位置个体与产品个体间的安装关系，如"ＢＡGT10 001 /ＢＡGT10 002 油浸式电力变压器"产品安装在"#1 主变"功能位置上	定义设备、部件功能位置类型适宜安装的产品类型，如"主变压器"功能位置类型适宜安装"电力变压器"产品类型	定义设备、部件功能位置与产品类型的"安装"关系
功能位置 + 产品的空间布置关系	功能位置 / 产品个体的具体空间布置关系。如"#1 主变"位于"A 发电厂主厂房 / 一层 / 主变洞"	定义适宜布置特定设备 / 产品类型的空间位置类型，如"主变压器"功能位置类型适宜布置在"主变洞"	定义功能位置类型 + 产品类型与空间位置类型的"布置"关系

4.1.3　业务元对象

4.1.3.1　设施类型

设施是资产台账的顶级节点，可用于表示发电厂、变电站、输 / 配电线路等。

设施的类实例清单、主动元关联、被动元关联分别见表 4-3 ~表 4-5。

表 4-3　设施的类实例清单

第一级	第二级	第三级	第四级
发电厂			
	燃气电厂		
	水力发电厂		
		抽水蓄能电厂	
		常规水力发电厂	
储能站			

表 4-4　设施的主动元关联

元关联名称	目标类	关系类型	基数
构成设施台账的适用功能分组类型	功能分组类型	收敛模式	1：N
适用的电厂标识系统（KKS）编码	全厂码	收敛模式	1：N

表 4-5　设施的被动元关联

元关联名称	源类	关系类型	基数
适用的危害类型	危害分类	收敛模式	1：N
适用的功能位置类型	检修试验项目类型	收敛模式	1：N

4.1.3.2　功能分组类型

功能分组构成设施，也可以是高层功能分组的子分组，可用于表示系统、子系统、间隔等。功能分组的类实例清单、主动元关联、被动元关联分别见表 4-6 ~表4-8。

表 4-6　设施的类实例清单

第一级	第二级	第三级	第四级
发输配厂站区域			
	机组区域		
		燃气蒸汽联合循环机组区域	
		水电机组区域	
			常规水电机组区域
			抽水蓄能机组区域
	主变区域		

第一级	第二级	第三级	第四级
	厂用电区域		
	辅助区域		
		水电厂辅助区域	
			水库大坝区域
			引水设施区域
		煤电气电辅助区域	
	输变电设备区域		
		500 kV 电压等级区域	
		220 kV 电压等级区域	
		110 kV 电压等级区域	
	公用设备区域		
		水电站公用设备区域	
			常规水电站公用设备区域
		燃气电站公用设备区域	
	站级监控系统区域		
		水电站站级监控系统区域	
		燃气电站站级监控设备区域	
		储能站站级监控系统区域	
	IT 区域		
	工器具及仪器仪表区域		
	水工机电设备区域		
	厂站建筑物构筑物区域		
	通信系统区域		
	电池储能站区域		
功能子系统			

第一级	第二级	第三级	第四级
	生产车间集中控制管理（SFC）系统		
	工器具分类		
		检修维护设备	
		仪器仪表及测试设备	
		机械设备	
		电子设备	
		安全工器具	
		生产用电设备	
		维护工具	
		机床设备	
		锻压设备	
		起重设备	
		铸造设备	
		电镀设备	
		焊接设备	
		土木建筑用设备	
		热处理设备	
		水工维护设备	
		材料试验设备	
		其他检修及维护设备	
	原动机系统		
		燃气轮机系统	
		蒸汽轮机系统	
		水轮机子系统	
			常规水轮机系统
			水泵水轮机系统
	发电机子系统		
		常规发电机系统	
		燃气发电机系统	
		发电电动机系统	

第一级	第二级	第三级	第四级
	保护子系统		
		继电保护子系统	
			元件保护子系统
			线路保护子系统
			厂用电保护子系统
	站级监控系统		
		发电厂计算机监控系统	
		安自系统	
		在线监测系统	
		功角测量系统（PMU）	
		故障录波系统	
		时钟同步系统	
		水工观测系统	
		水情测报系统	
		电能计量系统	
		二次安防系统	
		行波测距系统	
		保信子站系统	
		视频监视系统	
		同期系统	
	厂用电系统		
		6 kV 厂用电系统	
		10 kV 厂用电系统	
		35 kV 厂用电系统	

第一级	第二级	第三级	第四级
	现地控制系统		
		阀门现地控制系统	
		进水阀控制系统	
		调速器控制系统	
		闸门控制系统	
		出口母线设备控制系统	
		主变控制系统	
		空压机控制系统	
		水泵现地控制系统	
		制冷机控制系统	
		消防控制系统	
			气体灭火控制系统
			水消防控制系统
			火灾自动报警系统
		桥机控制系统	
		柴油机控制系统	
		机组现地控制系统	
		压油装置控制系统	
		开关站现地控制系统	
		技术供水控制系统	
		通风控制系统	
		高压电缆控制系统	
		厂用电现地控制系统	
		400 V 现地控制系统	
	励磁系统		
		水电机组励磁系统	
	出口母线系统		
		水电机组出口母线系统	
			常规水电机组出口母线系统
	闸门系统		

续表

第一级	第二级	第三级	第四级
		尾水闸门系统	
		进水口闸门系统	
		调压井闸门系统	
		事故检修闸门系统	
		冲沙闸门系统	
		溢流闸门系统	
		泄洪闸门系统	
	进水阀系统		
		进水蝶阀系统	
		进水球阀系统	
	冷却水系统		
		技术供水系统	
		机组冷却系统	
		变压器冷却系统	
	起重系统		
		水车室起吊装置	
		桥机系统	
		电动葫芦	
	油压系统		
		进水阀压油装置	
		调速器压油装置	
		高压电缆油压装置	
	主设备分组		
		发电机中性点设备	
		主变中压侧主设备	
		主变低压侧主设备	
		主变中性点设备	
	调速器子系统		
	自动化主站设备		
		计算机设备	
		外设	
		路由交换设备	

第一级	第二级	第三级	第四级
		网络安全设备	
		存储设备	
		键盘、显示器和鼠标（KVM）设备	
		机房设备	
		监控设备	
		前置采集通道设备	
		视频处理设备	
	不间断电源（UPS）系统		
	站级监控下位机设备		
		在线监测现地单元	
		水工观测设备	
		水情测报设备	
		公用现地控制单元	
		视频及环境监测设备	
	通风系统		
	照明系统		
	直流电源系统		
	油系统		
		绝缘油系统	
		润滑油系统	
	气系统		
		高压空气系统	
		中压空气系统	
		压缩空气系统	
		开关站空气系统	
	制冷系统		
	排水系统		
		渗漏排水系统	
			厂房渗漏排水系统
			大坝渗漏排水系统

第一级	第二级	第三级	第四级
		检修排水系统	
	消防系统		
		水消防系统	
		气体灭火系统	
	柴油发电机系统		
	五防系统		
	全厂动力箱设备		
	接地系统		
	400 V 低压配电系统		
	建筑物和构筑物		
	液压系统		
		进水阀水压操作设备	
	通信子系统区域		
		通信光缆系统	
		无线设备系统	
		通信仪器仪表	
		机房辅助设备	
		通信类其他设备	
		配线类设备及机柜	
		传输设备系统	
		接入设备系统	
		数据网设备区域	
		语音交换设备区域	
		视频会议设备区域	
		通信电源设备区域	
		技术支撑系统区域	
		通信电缆区域	
		机房环境设备	
	信息技术（IT）子系统		
		IT 类其他设备区域	

第一级	第二级	第三级	第四级
		个人计算机（PC）区域	
		存储设备区域	
		安全设备区域	
		服务器区域	
		机房环境设备区域	
		网络设备区域	
		辅助设备区域	
	水工建筑物子系统		
		水库工程	
		大坝工程	
		引水工程	
		泄水工程	
		厂房工程	
		尾水工程	
		升压变电工程	
		边坡工程	
		辅助工程	
	拦污栅系统		
功能间隔			
	厂用电分段系统		
	高压电缆间隔		
	线路出线间隔		
	开关间隔		
	主变间隔		
	母线间隔		
	厂用变间隔		
		厂高变间隔	
	发电机组		
		燃气蒸汽联合循环机组	
		水电机组	

第一级	第二级	第三级	第四级
			抽水蓄能机组
			常规水电机组
	变高间隔		
	直流电源分段系统		
	400 V 分段系统		
	厂用电线路间隔		

表 4-7 功能分组的主动元关联

元关联名称	目标类	关系类型	基数
构成功能分组的功能分组类型	功能分组类型	收敛模式	1：N
构成功能分组的设备类型	设备类型	收敛模式	1：N
构成功能分组的适用成套设备类型	成套设备类型	收敛模式	1：N
适用的 KKS 编码	系统码	收敛模式	1：N
适用的空间位置类型	空间位置类型	收敛模式	1：N

表 4-8 功能分组的被动元关联

元关联名称	源类	关系类型	基数
构成设施台账的适用功能分组类型	设施类型	收敛模式	1：N
构成功能分组的功能分组类型	功能分组类型	收敛模式	1：N

4.1.3.3　成套设备类型

成套设备是指完成一定任务及功能所必需的整套设备，允许包含组件和部件。

成套设备的类实例清单、主动元关联、被动元关联分别见表 4-9 ～表 4-11。

表 4-9 成套设备的类实例清单

第一级	第二级	第三级	第四级
现地控制柜			
	电压检测屏		
	调速器电气控制柜		
	闸门现地控制柜		
	主变冷却现地控制柜		

第一级	第二级	第三级	第四级
	压油装置控制柜		
	开关控制柜		
	电气制动控制柜		
	水泵现地控制柜		
	火灾报警主控柜		
	火灾报警现地柜		
	公用 LCU 柜		
同步相量屏（PMU）			
时钟同步屏			
保护及安自屏			
	保信子站屏		
	继电保护屏		
		变压器保护屏	
		发电机保护屏	
		线路保护屏	
		开关保护屏	
		电抗器保护屏	
		母线保护屏	
		厂用变保护屏	
		电缆保护屏	
	稳控装置屏		
	失步解列屏		
	通信接口屏		
	故障录波屏		
	行波测距屏		
同期装置屏			
高压开关柜			
	电压互感器（PT）柜		
	断路器柜		
	隔离开关柜		
	接地刀闸柜		
	避雷器柜		

第一级	第二级	第三级	第四级
	静止变频器（SFC）断路器柜		
	SFC 旁路开关柜		
低压配电屏			
	备自投控制柜		
	配电屏		
	进线屏		
	联络柜		
	负荷屏		
	事故照明配电屏		
端子箱			
自动化元件及仪表			
	火灾报警自动化元件		
	机组自动化元件及仪表		
	开关站自动化元件及仪表		
	技术供水系统自动化元件及仪表		
	压油装置自动化元件及仪表		
	在线监测系统自动化元件及仪表		
		机组在线监测自动化元件	
		局放在线监测自动化元件	
		油色谱在线监测自动化元件	
励磁柜			
	励磁调节柜		
	励磁功率柜		
	灭磁开关柜		
机械柜			
	进水阀机械操作柜		

71

第一级	第二级	第三级	第四级
	调速器机械柜		
组合电器成套装置			
	厂用电气体绝缘金属封闭开关设备（GIS）		
站用电缆			
	全站通信电缆		
	全站交流电缆		
站用直流柜			
	充电屏		
	直流馈线屏		
	放电屏		
蓄电池组			
全站照明装置			
	全站常规照明装置		
	全站应急照明装置		
消防喷淋装置			
SFC 可控硅屏			
SFC 变频启动柜			
在线监测现地采集屏			
机械联锁装置			
接地网			
动力柜			
	水泵动力柜		
	柴油机启动柜		
	启闭机动力柜		
	油泵动力柜		
电阻柜			
UPS 柜			
动力箱			
分相设备组合			
	电抗器（三相）		
	环氧母线（三相）		

第一级	第二级	第三级	第四级
	线路引下线（三相）		
	断路器（三相）		
	电气制动刀闸（三相）		
	封闭母线（三相）		
	电容器（三相）		
	绝缘子串（三相）		
	浇筑母线（三相）		
	结合滤波器（三相）		
	高压电缆终端（三相）		
	母线排（三相）		
	避雷器（三相）		
	高压电缆（三相）		
	电缆导线（三相）		
	电流互感器（三相）		
	出口断路器（三相）		
	变压器（三相）		
	接地电阻（三相）		
	母线段（三相）		
	阻波器（三相）		
	电压互感器（三相）		
	高压电缆回流线（三相）		
	拖动刀闸（三相）		
	启动刀闸（三相）		
	隔离刀闸（三相）		
	出线套管（三相）		
	接地刀闸（三相）		
	电气制动开关（三相）		

表 4-10　成套设备的主动元关联

元关联名称	目标类	关系类型	基数
构成成套设备的组件类型	组件类型	收敛模式	1：N
构成成套设备的部件类型	部件类型	收敛模式	1：N
适用的 KKS 编码	设备码	收敛模式	1：N

表 4-11 成套设备的被动元关联

元关联名称	源类	关系类型	基数
构成功能分组的适用成套设备类型	功能分组类型	收敛模式	1：N

4.1.3.4 设备类型

设备可以安装一个具备相应执行能力的物理产品。在一个设备级功能位置上，当旧产品的性能无法满足功能需求时，可以更换一个新产品，相互协作的设备组合一起构成功能分组。设备的类实例清单、主动元关联、被动元关联分别见表 4-12～表 4-14。

表 4-12 设备的类实例清单

第一级	第二级	第三级	第四级
动力设备			
	水轮机		
		常规水轮机	
		水泵水轮机	
	燃气轮机		
	汽轮机		
	锅炉		
		燃煤锅炉	
		余热锅炉	
电气一次设备			
	主变压器		
	轴电流互感器		
	电容器		
	发电机		
		常规水力发电机	
		发电电动机	
		火电发电机	
	断路器		
		GIS 断路器	
		电气制动开关	
		发电机出口开关	
		开关柜断路器	

第一级	第二级	第三级	第四级
	隔离开关		
		换相刀闸	
		拖动刀闸	
		启动刀闸	
		电气制动刀闸	
		GIS 隔离开关	
		户外隔离开关	
		机组出口隔离开关	
	过电压限制器		
	接地刀闸		
		GIS 地刀	
		户外地刀	
	电压互感器		
	电流互感器		
	电抗器		
		高抗	
	高压电缆		
	避雷器		
	封闭母线		
	出线套管		
	避雷线		
	高压电缆终端		
	避雷针		
站用电设备			
	站用变压器		
		SFC 输入变压器	
		SFC 输出变压器	
		励磁变压器	
		电制动变压器	
		厂用变压器	
	站用电缆		
		励磁电缆	

第一级	第二级	第三级	第四级
		架空线路	
	母线		
		励磁母线	
		母线排	
	杆塔		
	绝缘子		
中性点设备			
	中性点接地刀闸		
	中性点变压器		
	中性点电流互感器		
	中性点接地电阻		
	中性点隔离刀闸		
	中性点消弧线圈		
	中性点避雷器		
	中性点电抗器		
	中性点直流检测装置		
	中性点直流偏磁		
机械主设备			
	主进水阀		
	闸门		
		尾水闸门	
		出口闸	
		事故闸门	
		溢流闸	
		冲砂闸	
		泄洪闸	
		进口闸	
	调速器		
	闸门启闭机		
	闸门接力器		
机械辅助设备			
	机械过速保护装置		

第一级	第二级	第三级	第四级
	调速器机械调节装置		
	油泵		
	压力油罐		
	油箱		
	压力气罐		
	阀门		
	水泵		
		技术供水水泵	
		排水水泵	
	储油罐		
	滤油机		
	空压机		
	滤水器		
	储气瓶		
	桥机		
	电动葫芦		
	平衡梁		
	柴油发电机		
	电机		
	管路		
	减速器		
	沉淀箱		
	机械联锁装置		
	拦污栅		
二次安防类设备			
	防火墙		
	正向隔离装置		
	反向隔离装置		
	纵向加密装置		
	安全审计装置		
	入侵检测装置		
	防病毒网关		

第一级	第二级	第三级	第四级
	隔离网闸		
	安全网关		
	流量控制装置		
	行为管理装置		
	拨号认证装置		
	数字证书管理装置		
	文档加密装置		
	终端管理装置		
	准入管理装置		
	漏洞扫描装置		
测控类设备			
	电能采集装置		
	电能表		
	监控模拟盘		
	控制台		
	时钟同步装置		
计算机类设备			
	工作站		
	桌面微机		
	便携式计算机		
	平板计算机		
	瘦客户端		
	工控机		
	小型机		
	PC 服务器		
	小型机		
	鼠标		
	键盘		
	显示器		
	在线监测系统主机		
存储设备			
	磁盘阵列		

第一级	第二级	第三级	第四级
	网络存储器		
	虚拟磁带库		
	磁带库		
	存储网关		
KVM 设备			
	KVM 矩阵		
	KVM 终端		
	柜内 KVM		
网络设备			
	交换机		
	路由器		
	动态主机配置协议（DHCP）设备		
	光端机		
	光纤收发器		
	准入控制设备		
	准同步数字光设备（PDH）		
	协议转换器		
	应用负载均衡设备		
	接入设备		
	无线接入点（AP）		
	无线控制器		
	无线路由器		
	流量控制设备		
	用户接入设备		
	综合业务接入设备		
	网络加速设备		
	链路优化设备		
	链路负载均衡设备		
	隔离装置		
环境监控处理设备			

第一级	第二级	第三级	第四级
	空调		
		精密空调	
	干燥机		
	风机		
	空气处理机		
	制冷机		
	空气过滤器		
	除湿机		
	机房环境监测装置		
	摄像头		
站用直流设备			
	UPS 装置		
	蓄电池		
	直流接地监测装置		
	蓄电池监测装置		
	逆变电源		
在线测试（分类）			
	切换柜		
	综合配线架		
	隔离变		
	动力环境监测设备		
	UPS 设备		
	直流电源		
	音频配线架（VDF）		
	通信机柜		
	高频开关电源		
	数字配线架（DDF）		
	通信运行管控系统		
	场强仪		
	TD-LTE 核心设备		
	TD-LTE 基站设备		
	无线收发器		

第一级	第二级	第三级	第四级
	RFID 手持终端		
	运行管控系统服务器		
	网络设备（分类）		
		路由器	
		交换机	
		无线路由器	
		无线 AP	
		无线路由器	
		光端机	
	安全设备（分类）		
		虚拟专用网络（VPN）设备	
		上网行为管理设备	
		上网行为审计设备	
		防火墙	
		加密装置	
		负载均衡设备	
		流量控制设备	
		IDS（IPS）	
		防病毒设备	
		漏洞扫描设备	
		运维审计设备	
		数字证书管理设备	
		VPN 设备	
		安全评测设备	
		隔离装置	
		纵向加密认证装置	
		安全设备	
	信息设备（分类）		
		服务器	
			小型机

续表

第一级	第二级	第三级	第四级
			机架式微机服务器
			塔式服务器
			机架式 PC 服务器
		存储设备	
			物理磁带库
	通信设备（分类）		
		光传输设备	
			同步数字光设备（SDH）
			准同步数字光设备（PDH）
			光传送网设备（OTN）
			光路子系统及转换器（分类）
		语音交换设备（分类）	
			呼叫控制器
			语音网关
			程控交换机
			远端模块
			录音设备
			计费设备
			调度台

第一级	第二级	第三级	第四级
		光缆	
			光纤复合架空地线光缆（OPGW）
			全介质自承式光缆（ADSS）
			光纤复合相线光缆（OPPC）
			光纤复合低压电缆（OPLC）
			捆绑式光缆（ADL）
			管道光缆
			海底光缆
			普通架空光缆
		视频会议设备（分类）	
			多点控制单元
			视频会议终端
			控制设备
			调音台
			音视频切换矩阵
			录播设备
			视频编辑设备
			视频图像采集摘要比对器（VCS）
	终端设备（分类）		
		卫星电话	
		桌面微机	
		便携式计算机	
		工作站	
		瘦客户端	
		平板	
		打印机	
		电话机	

第一级	第二级	第三级	第四级
		传真机	
		显示设备	
		多功能复合机	
		电子白板	
		消磁机	
		摄像机	
		打印机	
		扫描仪	
		智能移动终端	
		显示器	
		显示屏	
		对讲设备	
		可视门铃	
		KVM 切换器	
		麦克风	
		鞋套机	
		投影设备	
	刀片式微机服务器		
	刀片式机框		
	磁盘阵列		
	虚拟磁带库		
	存储交换机		
	存储虚拟化设备		
	集线器		
	光端机		
	链路负载均衡设备		
	链路负载均衡设备		
	应用负载均衡设备		
	准入控制设备		
	链路优化设备		
	DHCP 设备		
	流量控制设备		

第一级	第二级	第三级	第四级
	无线控制器		
	网络加速设备		
	商业秘密防护设备		
	终端管理设备		
	信息专用仪器仪表		
	时间同步设备		
	机房门禁设备		
	机房综合监控设备		
	UPS		
	机柜		
	蓄电池		
	巡检机器人		
	触摸设备		
	音频设备		
	投影墙屏		
	分屏器		
	鞋套机		
	通信电缆		
	波分复用设备（WDM）		
	分组传送网设备(PTN)		
	异步传输模式设备（ATM）		
	高压载波设备		
	中压载波设备		
	卫星电话设备		
	脉冲编码调制设备（PCM）		
	数字用户线路接入设备（xDSL）		
	综合业务接入设备		
	光线路终端设备(OLT)		
	光网络单元设备（ONU）		

第一级	第二级	第三级	第四级
	软交换机		
	用户接入设备		
	会话边界控制设备		
	网关设备		
	远端模块		
	工业以太网交换机		
	入侵检测设备		
	安全审计设备		
	安全网关		
	网络准入设备		
	漏洞扫描设备		
	流量监测设备		
	拨测设备		
	负载均衡设备		
	视频通信服务器		
	控制设备		
	音频处理设备		
	音视频切换矩阵		
	录播设备		
	视频处理设备		
	视频接口转换装置		
	铯钟		
	频率同步设备		
	信令网设备		
		DC/DC 直流转换装置	
	逆变器		
	蓄电池远程核容设备		
	配电柜		
	直流电源模块		
	防雷设备		
	光缆监测装置		
	自动检测设备		

第一级	第二级	第三级	第四级
	音响设备		
	功放机		
	无线公网终端设备		
	光时域反射仪（OTDR）		
	光信号发生器		
	光功率计		
	数字钳型电流表		
	误码测试仪		
	通信铁塔		
	条形会议桌		
	组合会议桌		
	视频处理单元		
	正向隔离装置		
	反向隔离装置		
	触摸查询一体机		
	传输综合测试仪		
	数字钳型表		
	光放大器		
	纵向加密装置		
	设备模块		
	故障探测器		
	光纤识别仪		
	光源		
	可见红光发生器		
	网络测试仪		
	对讲设备		
	其他设备		
	光纤配线架（ODF）		
	光纤收发器		
	光传送网设备		
	数据网设备		
	无线控制器		

续表

第一级	第二级	第三级	第四级
	无线设备		
	接入设备		
	光路子系统及转换器		
	视频会议设备		
	机房环境设备（分类）		
		KVM 设备	
		动力环境监控设备	
		蓄电池组	
		监测箱	
		机房门禁设备	
		机房空调	
		机房基础环境	
		蓄电池	
		配电柜	
		机房空调	
		UPS	
		机房动力环境监控设备	
	准入控制设备		
	显示器升降器		
	网络配线架		
	开关箱		
	语音交换设备		
	通信网管		
	通信控制器		
	在线测试（ICT）机柜		
	监控大屏		
通信设备			
	通信光缆设备		
		光纤复合低压电缆（OPLC）	
		光纤复合架空地线光缆（OPGW）	

续表

第一级	第二级	第三级	第四级
		光纤复合相线光缆（OPPC）	
		全介质自承式光缆（ADSS）	
		捆绑式光缆	
		普通架空光缆	
		海底光缆	
		管道光缆	
	通信类其他设备		
		传真机	
		信令网设备	
		光放大器	
		光线路切换装置	
		光衰减器	
		光路子系统及转换器	
		其他设备	
		前向纠错设备	
		协议转换器	
		可视门铃	
		对讲设备	
		摄像机	
		无线公网终端设备	
		显示设备	
		电子白板	
		电话机	
		色散补偿设备	
		视频监控设备	
		铯钟	
		音响设备	
		频率同步设备	
	语音交换设备		
		会话边界控制设备	

第一级	第二级	第三级	第四级
		录音设备	
		用户接入设备	
		电话机	
		程控交换机	
		网关设备	
		计费设备	
		调度台	
		软交换机	
		远端模块	
		统一通信服务器	
		调度资源处理服务器	
	视频会议设备		
		无线收发器	
		显示器	
		显示器升降器	
		显示屏	
		显示设备	
		条形会议桌	
		电话机	
		组合会议桌	
		网关设备	
		视频会议终端	
		视频处理设备	
		视频接口转换装置	
		视频编辑设备	
		视频通信服务器	
		触摸查询一体机	
		触摸设备	
		音响设备	
		音视频切换矩阵	
		音频处理设备	
		音频设备	

第一级	第二级	第三级	第四级
		麦克风	
	机房环境设备		
		KVM 设备	
		近场通信（NFC）系统	
		UPS	
		分屏器	
		巡检机器人	
		投影墙屏	
		显示器升降器	
		显示屏	
		机房动力环境监控设备	
		机房空调	
		机房综合监控设备	
		机房门禁设备	
		机柜	
		电子白板	
		蓄电池	
		视频处理单元	
		触摸设备	
		配线设备及机柜	
		鞋套机	
		音频设备	
		一体化野外机箱	
		太阳能电池板	
		扬声器	
		高清红外球机	
		无线预警广播主机	
		4G 视频采集传输终端机	
	机房辅助设备		
		光缆监测装置	
		动力环境监测设备	

第一级	第二级	第三级	第四级
	无线通话设备		
		卫星电话设备	
		对讲设备	
		无线公网终端设备	
		集群基站设备	
		卫星固定站设备	
		卫星便携站设备	
	接入设备		
		光线路终端设备	
		光网络单元设备	
		数字用户线路接入设备	
		综合业务接入设备	
		脉冲编码调制设备	
	技术支撑设备		
		动力环境监测设备	
		机房动力环境监控设备	
		运行管控系统服务器	
		通信网管	
		通信运行管控系统	
	载波设备		
		中压载波设备	
		高压载波设备	
		通信铁塔	
		配线设备及机柜	
	光传输设备		
		光传送网设备	
		准同步数字光设备	
		分组传送网设备	
		同步数字光设备	
		异步传输模式设备（ATM）	
		波分复用设备	

第一级	第二级	第三级	第四级
	数据网设备		
		IDS（IPS）	
		KVM 设备	
		上网行为审计设备	
		交换机	
		光路子系统及转换器	
		入侵检测设备	
		塔式服务器	
		安全审计设备	
		安全网关	
		工业以太网交换机	
		拔测设备	
		无线路由器	
		机架式微机服务器	
		流量监测设备	
		漏洞扫描设备	
		物理磁带库	
		磁盘阵列	
		纵向加密装置	
		网络准入设备	
		负载均衡设备	
		路由器	
	通信电缆		
	通信电源设备		
			DC/DC 直流转换装置
		UPS 设备	
		直流电源	
		蓄电池组	
		蓄电池远程核容设备	
		逆变器	
		配电柜	

第一级	第二级	第三级	第四级
		防雷设备	
水工监测设备			
	沉降仪		
	测微计		
	测斜仪		
	位移计		
	双金属管标		
	垂线		
	变位计		
	静力水准仪		
	渗压计		
	量水堰计		
	钢板计		
	土压力计		
	应力计		
	钢筋计		
	测缝计		
		无应力计 / 应变计	
	温度计		
	压力传感器		
	气压计		
	温湿度计		
	风速风向计		
	雨量计		
	水位计		
	水尺		
	蒸发计		
	读数仪		
	数据采集单元		
	数据采集模块		
	指示仪		
	全站仪		

第一级	第二级	第三级	第四级
	水准仪		
	激光测距仪		
	经纬仪		
	强震仪		
	数据发送单元		

表 4-13　设备的主动元关联

元关联名称	目标类	关系类型	基数
适用的品类类型	产品品类	收敛模式	1：N
适用的 KKS 编码	设备码	收敛模式	1：N

表 4-14　设备的被动元关联

元关联名称	源类	关系类型	基数
构成功能分组的设备类型	功能分组类型	收敛模式	1：N

4.1.3.5　组件类型

组件是构成产品部件清单的元素之一，是用于分组作用的虚拟节点，允许包含下级组件或部件。组件的类实例清单、主动元关联、被动元关联分别见表 4-15～表 4-17。

表 4-15　组件的类实例清单

第一级	第二级	第三级	第四级
发电机类组件			
	转子与大轴		
	上导轴承及其油冷却系统		
	推力轴承及其油冷却系统		
	下导轴承及其油冷却系统		
	发电机通风冷却系统		
	机械制动和转子顶起装置		
	轴承抽油雾装置		
	发电机辅助结构		
变压器类组件			
	变压器冷却系统		
		变压器空冷系统	

第一级	第二级	第三级	第四级
		变压器水冷系统	
水轮机类组件			
	水轮机导水机构		
	水轮机蜗壳与座环		
	水轮机止漏环及其供水系统		
	水轮机水导轴承及其冷却系统		
	水轮机主轴密封及其冷却系统		
调速器类组件			
断路器类组件			
	断路器操作机构		
刀闸类组件			
控制柜类组件			
	控制柜附属设备		
保护屏类组件			
	控制设备及二次回路		
进水阀类组件			
	压力钢管排水设备		
电抗器类组件			
	电抗器冷却系统		
水工建筑组件			
	水库工程		
		河道	
		库区	
	大坝工程		
		沥青混凝土心墙堆石坝	
		混凝土重力坝	
		黏土心墙堆石（渣）坝	
		面板堆石坝	

第一级	第二级	第三级	第四级
		库周防渗系统	
			条形山
			垭口
	引水工程		
		进（出）水口	
		引水隧洞	
		调压井	
		引水明渠	
	泄水工程		
		泄洪洞	
		排（冲）沙洞	
		溢洪道	
		放空底孔	
	厂房工程		
		主厂房	
		副厂房	
		安装间	
		尾水闸门室	
		交通洞	
		通风洞	
		排风竖井	
		自流排水洞	
		廊道	
		集水井	
		尾闸室运输洞	
		尾支旁电缆沟廊道	
		电缆及巡视通道	
		尾闸至主变之间通道	
	尾水工程		
		进出水口	
		尾水隧洞	

续表

第一级	第二级	第三级	第四级
		尾水调压井	
		尾水渠	
	升压变电工程		
		开关站	
		主变洞	
		母线洞	
		高压电缆洞	
		附属洞室	
	边坡工程		
		调压井边坡	
		厂房边坡	
		公路边坡	
		开关站边坡	
		水库边坡	
	辅助工程		
		施工支洞	
		地质探洞	
		进风出渣洞	
		公路	
		桥梁	
		隧洞	
		生产用房	
		非生产用房	
水工监测组件			
	水情测报系统		
		中心站	
		遥测站	
		泄洪预警系统	
		卫星云图	
	水工观测系统		
		大坝观测系统	
		厂房观测系统	

续表

第一级	第二级	第三级	第四级
		水道观测系统	
		边坡观测系统	
		中心服务站	
	地震监测系统		
		中心站	
		测站房	

表 4-16　组件的主动元关联

元关联名称	目标类	关系类型	基数
构成组件的部件类型	部件类型	收敛模式	1：N
构成组件的组件类型	组件类型	收敛模式	1：N

表 4-17　组件的被动元关联

元关联名称	源类	关系类型	基数
构成成套设备的组件类型	成套设备类型	收敛模式	1：N
构成组件的组件类型	组件类型	收敛模式	1：N
包含的组件类型	产品品类	收敛模式	1：N

4.1.3.6　部件类型

部件也是构成产品部件清单的元素之一，部件是可以安装产品的实体节点。部件的类实例清单、主动元关联、被动元关联分别见表 4-18 ～表 4-20。

表 4-18　部件的类实例清单

第一级	第二级	第三级	第四级
水力发电机类部件			
	定子		
	定子部件		
		机座	
		铁心	
		线棒	
		三相引出线	
		中性点引出线	
	转子与大轴		
		转子	

第一级	第二级	第三级	第四级
		转子磁轭	
		磁极	
		磁极间连接件	
		磁极阻尼环	
		磁极间挡块	
		转子磁极引线	
		滑环	
		碳刷与刷握	
		碳刷架	
		励磁电缆	
		转子制动盘	
		转子中心体	
		发电机轴	
		发电机大轴联接螺栓	
	上机架部件		
		上机架本体	
		上机架支臂	
		上机架支臂基础与埋件	
		上机架支臂连接螺栓	
	下机架部件		
		下机架本体	
		下机架支臂	
		下机架支臂基础与埋件	
		下机架支臂连接螺栓	
	上导轴承及油冷却系统		
		上导油槽	
		上导瓦	
		上导瓦间隙调整部件	
		上导瓦支撑部件	
		上导油盆盖	
		上导循环油泵	

第一级	第二级	第三级	第四级
		油过滤器	
		油冷却器	
		冷却系统管路	
		冷却系统管路阀门	
	推力轴承及其注油系统		
		推力瓦	
		推力瓦支撑	
		推力头	
		镜板	
		卡环	
		交流高压注油泵	
		直流高压注油泵	
		高压注油安全阀	
		高压注油过滤器	
		高压注油软管	
		高压注油钢管	
		推力油槽	
		推力弹性油壶	
		推力油箱	
		油冷却器	
	下导轴承及其油冷却系统		
		下导油槽	
		下导瓦	
		下导瓦间隙调整部件	
		下导瓦支撑部件	
		下导油盆盖	
		下导循环油泵	
		油过滤器	
		油冷却器	
		冷却系统管路	
		冷却系统管路阀门	

第一级	第二级	第三级	第四级
	发电机通风冷却系统		
		空冷器	
		空冷器进出口伸缩节	
		空冷系统管路	
		空冷系统管路阀门	
		强迫循环风机	
		上挡风板	
		下挡风板	
		转子上风扇	
		转子下风扇	
	机械制动与转子顶起系统		
		刹车爪与刹车瓦	
		刹车爪座	
		机械刹车油压系统	
		机械刹车气动罐	
		转子顶起千斤顶	
		转子顶起油压系统	
		机械刹车除尘系统	
		转子顶起接力器	
		转子顶起电机	
		转子顶起油泵	
	轴承抽油雾装置		
		抽油雾装置	
		抽油雾过滤箱	
		抽油雾凝结器	
		抽油雾管道	
		抽油雾抽油泵	
	发电机辅助结构		
		轴电流互感器及其二次回路	
		大轴接地碳刷	

第一级	第二级	第三级	第四级
		发电机风罩	
		发电机风罩内抽粉尘装置	
		发电机风洞顶部踏板	
		发电机风洞内踏板	
		发电机风洞门	
		发电机风洞内照明系统	
		照明灯	
		照明开关	
		发电机风洞空间加热器	
	上机架		
	下机架		
水轮机类部件			
	水轮机大轴		
		主轴	
		中间轴	
		大轴连接螺栓与螺母	
		大轴底部堵板	
	水轮机转轮		
		#X 机组转轮泄水锥	
		转轮补气装置	
		转轮叶片	
	水轮机蜗壳和底环		
		蜗壳	
		蜗壳延伸管	
		蜗壳进入门	
		蜗壳放空阀	
		座环	
	水轮机导水机构		
		顶盖	
		底环	
		泄流环	

第一级	第二级	第三级	第四级
		固定导叶	
		活动导叶	
		导叶轴套	
		导叶接力器	
		导叶接力器连板	
		导叶拐臂	
		导叶止推压板	
		固定上迷宫环	
		固定下迷宫环	
		导叶剪断销	
		导叶控制环	
		导叶摩擦臂	
	止漏环及供水系统		
		顶盖上止漏环	
		底环下止漏环	
		#X 阀门	
		#X 管路	
		#X 压力表	
		#X 传感器	
		#X 温度计	
	水轮机水导轴承及其冷却系统		
		水导轴承轴瓦	
		水导轴承轴瓦瓦座	
		水导油盆盖	
		水导瓦支撑板	
		水导轴承油盆	
		水导冷却器	
		水导轴承油循环泵组	
		水导轴承油循环过滤器	
		#X 阀门	

第一级	第二级	第三级	第四级
		#X 管路	
		#X 压力表	
		#X 传感器	
	水轮机主轴密封及其供水系统		
		主轴密封	
		主轴密封固定环	
		主轴密封抗磨环	
		主轴密封活动环	
		主轴密封活动密封环	
		主轴密封支撑环	
		主轴密封过滤器	
		#X 阀门	
		#X 管路	
		#X 压力表	
		#X 传感器	
	压水回水系统		
		压水供气罐	
		尾水锥管水位测量装置	
		尾水位检测水位信号器	
		#X 阀门	
		#X 管路	
		#X 压力表	
		#X 传感器	
	水轮机尾水管		
		锥管	
		锥管进人门	
		肘管	
		尾水管扩散段	
		尾水管排水阀门	
	中拆装置		
		中拆起吊装置	

第一级	第二级	第三级	第四级
		水车室内起吊系统用吊钩	
		水车室内电动葫芦	
		水车室内起吊系统用钢丝绳	
		水车室内环形轨道	
		中拆轨道	
		中拆埋件	
		中拆小车	
		中拆支梁	
进水阀类部件			
	进水阀本体		
		阀体	
		阀芯	
		枢轴	
		枢轴轴套	
		拐臂	
		拐臂配重块	
		拐臂密封	
		阀体上游密封	
		阀体上游密封机械锁定	
		阀体下游密封	
		阀体下游密封操作机构	
		进水阀液压锁定	
		进水阀机械锁定	
		底部排沙阀	
		阀门底座及其紧固螺栓	
		重锤	
	进水阀旁通管		
		旁通管	
			旁通管液压/气动阀
		旁通管手动阀	

第一级	第二级	第三级	第四级
	进水阀上游延伸管		
		延伸管	
		延伸管法兰	
		延伸管紧固螺栓	
	进水阀下游伸缩节		
		伸缩节管	
		伸缩节可拆卸法兰	
		伸缩节密封	
	压力钢管排水设备		
		手动阀	
		消能装置	
		针形阀	
		管路	
	进水阀操作设备		
			操作水/油管路
		操作水管路阀门	
		操作水过滤器	
		操作水切换阀	
		操作水切换阀配重块	
		操作水切换控制接力器	
		操作液压系统	
		操作压力油罐	
		操作控制液压阀	
		操作控制电磁阀	
	进水阀接力器		
		接力器	
		接力器基础	
断路器类部件			
	断路器本体		
	电容器		

第一级	第二级	第三级	第四级
	断路器操作机构		
		操作储能系统	
			储能电机
			空压机
			储气罐
			阀门
			管路
			控制回路
			合闸线圈
			分闸线圈
			传动机构
刀闸类部件			
	刀闸本体		
	操作机构		
		操作电机	
		传动机构	
封闭母线类部件			
	母线外管		
	母线支撑支架		
	本体支撑绝缘子		
电压互感器类部件			
	电压互感器本体		
	一次接线端子		
	二次接线盒		
电流互感器类部件			
	电流互感器本体		
	二次接线盒		
避雷器类部件			
	底座		
	本体		
变压器类部件			
	变压器本体		

第一级	第二级	第三级	第四级
	变高套管		
	变中套管		
	变压器油枕		
	调压装置		
	变低套管		
	瓦斯继电器		
	压力释放阀		
	变压器冷却系统		
		水冷系统	
		冷却器	
		潜油泵	
		供排水阀门	
		漏水保护装置	
		油流指示器	
		风冷系统	
		散热器	
		风机	
调速器类部件			
	主配压阀		
	电磁阀		
	电液转换器		
	引导阀		
	手操机构		
	开度限制机构		
	屈服机构		
	反馈装置		
	步进电机		
	杠杆		
	滤油器		
	管路		
	导叶分段关闭装置		

第一级	第二级	第三级	第四级
	导叶接力器锁定装置		
	机械过速发信装置		
	机械过速飞摆装置		
	测速装置		
励磁装置类部件			
	励磁调节器		
	转子保护装置		
	电源滤波器		
	人机界面		
	通信适配器		
	测量仪表		
	变送器		
	可控硅		
	导通监视传感器		
	阻容保护装置		
	交流侧浪涌保护装置		
	灭磁电阻		
	灭磁装置		
	触发脉冲分配卡		
	脉冲发生器		
	起励装置		
微机保护类部件			
	保护装置		
		开入插件	
		CPU 插件	
		采样插件	
		出口插件	
		电源插件	
		管理板	

第一级	第二级	第三级	第四级
		通信插件	
		交流插件	
		显示面板	
		保护压板	
	跳闸矩阵		
	操作箱		
		跳闸线圈	
		合闸线圈	
		继电器	
	控制设备及二次回路		
	保护压板		
	保护通信管理机		
	安稳装置		
		安稳主机	
		安稳从机	
	保信装置		
	失步解列装置		
闸门类部件			
	闸门门叶		
	闸门门槽		
	闸门门楣		
	闸门底坎		
	闸门门槽上部结构		
	闸门顶盖		
	闸门限位机构		
控制柜类部件			
	电源模块		
	空气开关		
	现地控制装置		
	隔离卡件		

第一级	第二级	第三级	第四级
		输入 / 输出卡件	
	通信网络设备		
	继电器		
	屏柜附属设备		
		指示灯	
		操作按钮	
		操作把手	
		操作面板	
		仪表	
		加热器	
		换气扇	
		照明灯	
		温湿度控制器	
	变压器		
	接触器		
	柜体		
	熔断器		
	电阻		
	电容		
自动化元件及仪表类			
	水位信号器		
	压力变送器		
	压力开关		
	温度表		
	继电器		
	油位信号器		
	油混水传感器		
	位移传感器		
	温度传感器		
	电磁阀		
	测速传感器		
	压力传感器		

第一级	第二级	第三级	第四级
	行程开关		
	示流器		
	液位传感器		
	压力表		
	测温电阻		
	震动传感器		
	摆度传感器		
	变送器		
	火灾红外传感器		
	烟感探头		
	温感探头		
直流系统部件			
	充电模块		
	可控硅		
	绝缘仪		
	蓄电池监测装置		
		监控模块	
		数据采集模块	
		逆变模块	
		放电模块	
		智能充放电设备	
	蓄电池组		
		蓄电池	
开关柜类部件			
	屏体		
	断路器		
	电流互感器		
	空气开关		
	继电器		
	接地刀闸		
	隔离刀闸		
	避雷器		

第一级	第二级	第三级	第四级
	电压互感器		
	熔断器		
故障录波类部件			
	故障录波装置		
行波测距类部件			
	行波测距装置		
同步相量屏部件			
	数据处理单元		
	数据采集单元		
	授时单元		
时钟同步屏部件			
	主时钟装置		
	从时钟装置		
	扩展时钟装置		
同期装置屏部件			
	同期装置		
低压配电屏部件			
	母线排		
	接触器		
	电流互感器		
	继电器		
	空气开关		
	软启动器		
组合电器设备部件			
	气室		
	SF6 气体		
SFC 系统部件			
	去离子装置		
在线监测装置部件			
桥机类部件			
	钢丝绳		
	主起升机构		

第一级	第二级	第三级	第四级
	吊钩装置		
	减速机		
	副起升机构		
	制动轮齿轮联轴器		
	电力液压推动器		
	电动机		
	液压推杆块式制动器		
	起重量限制器		
	卷筒装置		
	上滑轮装置		
电抗器类部件			
	高抗本体		
	套管		
	油枕		
	瓦斯继电器		
	压力释放阀		
	冷却系统		
		冷却器	
		潜油泵	
		油流指示器	
		散热器	
		风机	
水工建筑部件			
	水库工程		
		上游河道	
		下游河道	
		抽蓄电站上水库	
		抽蓄电站下水库	
		常规水库	
	大坝工程		

第一级	第二级	第三级	第四级
		坝基	
		坝体	
			坝顶公路
			电缆沟
			路灯
			防浪墙
			挡水坝段
			溢流坝段
			冲沙闸坝段
			进水口坝段
			消能设施
			排水设施
			廊道
		坝肩	
	水道工程		
		反坡段	
		喇叭段	
		拦污栅检修平台	
		闸门井	
		平洞段	
		斜（竖）井段	
		钢管段	
		岔管段	
		引水支管	
		上室	
		直井	
		启闭机室	
		尾水支洞	
		尾水支管	
		尾水岔管	
		尾水锥管	
		尾水隧洞	

续表

第一级	第二级	第三级	第四级
		尾水肘管	
		尾水渠	
	房屋工程		
		发电机层	
		中间层	
		水轮机层	
		蜗壳层	
		蝶阀（球阀）支墩层	
		尾水管层	
		厂用变层	
		直流蓄电池室	
		直流屏室	
		直流配电室	
		UPS 室	
		控制室	
		COC 室	
		通信机房	
		400 V 配电室	
		10 kV 配电室	
		会议室	
		厂用变室	
		工具房	
		空压机室	
		冷水机室	
		空压机配电室	
		油处理室	
		电梯间	
		集水井	
		LCU 室	
		配电室	
		保护室	
		主变室	

第一级	第二级	第三级	第四级
		SFC 变压器室	
		SFC 室	
		电抗室	
		仓库	
		检修车间	
		其他生产用房	
		宿舍楼	
		办公楼	
		员工餐厅	
		会议中心	
		展览中心	
		综合楼	
		培训基地	
		专家村	
		管理中心	
		安全文化馆	
		保安值班室	
		运动场馆	
	边坡工程		
		坡体	
		护坡	
		排水沟	
	通用建筑部件		
		板	
		梁	
		柱	
		墙	
		基础	
		附属设施设备	
	专用建筑部件		
		衬砌	
		封堵	

第一级	第二级	第三级	第四级
		廊道	
		支护	
水工监测部件			
	变形监测		
		垂线	
		静力水准仪	
		双金属标	
		位移计	
		视准	
		沉降仪	
		测斜仪	
		测微计	
	渗流监测		
		渗压计	
		量水堰计	
	应力监测		
			无应力计 / 应变计
		钢板计	
		钢筋计	
		测缝计	
		应力计	
		温度计	
		压力传感器	
	环境量监测		
		温湿度计	
		蒸发计	
		风速风向仪	
		雨量计	
			水位计 / 仪
		气压计	
		水尺	

续表

第一级	第二级	第三级	第四级
		地震仪	
		卫星云图	
	自动化仪器		
		数据采集（接收）单元	
		数据发送单元	
		数据采集模块	
		软件	
		防雷模块	
		系统辅助设备	
	观测辅助设施设备		
		量水堰	
		观测墩	
		控制网	
		全站仪	
		水准仪	
		经纬仪	
		测距仪	
		读数仪	

表 4-19　组件的主动元关联

元关联名称	目标类	关系类型	基数
适用的品类类型	产品品类	收敛模式	1：N
适用的 KKS 编码	部件码	收敛模式	1：N

表 4-20　组件的被动元关联

元关联名称	源类	关系类型	基数
构成成套设备的组件类型	成套设备类型	收敛模式	1：N
构成组件的部件类型	组件类型	收敛模式	1：N
包含的部件类型	产品品类	收敛模式	1：N

4.1.4　基于功能位置类型的资产台账结构模型

为了在建模过程中支撑上诉业务诉求，我们定义了"功能位置类型"这一概念，并细分为设施类型、功能分组类型、设备类型、成套设备类型、组件类型、

120

部件类型。

这些类型都视为建模中构建的业务元对象，每种类型都是对业务对象实例的再抽象与归集。比如，元类 [设施类型] 业务对象实例有"发电厂""储能站"，发电厂再垂直细分为"燃气电厂""水力发电厂"等。

不同类型间采用元关系表征相互的业务联系。比如，"构成设施台账的适用功能分组类型"描述的是元类 [设施类型] 和 [功能分组类型] 的联系，这种联系在实例化后，会用来表示不同业务对象实例间的业务联系，如"发电厂包含的机组区域""发电厂包含的主变区域"等。

最终，基于定义的资产台账对象的元关系（表 4-21），按照上述业务逻辑有序组织设计"资产台账元结构"（图 4-2）完成对资产台账结构模型的顶层设计。

表 4-21　资产台账对象间的元关系

元关系名称	源端	目标端	基数
构成设施台账的适用功能分组类型	设施类型	功能分组类型	1：N
构成功能分组的功能分组类型	功能分组类型	功能分组类型	1：N
构成功能分组的设备类型	功能分组类型	设备类型	1：N
构成功能分组的适用成套设备类型	功能分组类型	成套设备类型	1：N
构成成套设备的组件类型	成套设备类型	组件类型	1：N
构成成套设备的部件类型	成套设备类型	部件类型	1：N
构成组件的组件类型	组件类型	组件类型	1：N
构成组件的部件类型	组件类型	部件类型	1：N

图 4-2　资产台账元结构

然后，低层级（M1）的模型基于这套顶层设计的元结构框架，按照元类概念的划分原则，对资产台账领域的业务对象归类归集，实例化出 M1 层类实例集，并受限于元关系的关联约束，合理配置类实例间的联系；最终完成对应的业务模型构建，比如发电厂资产台账结构模型（图 4-3）。

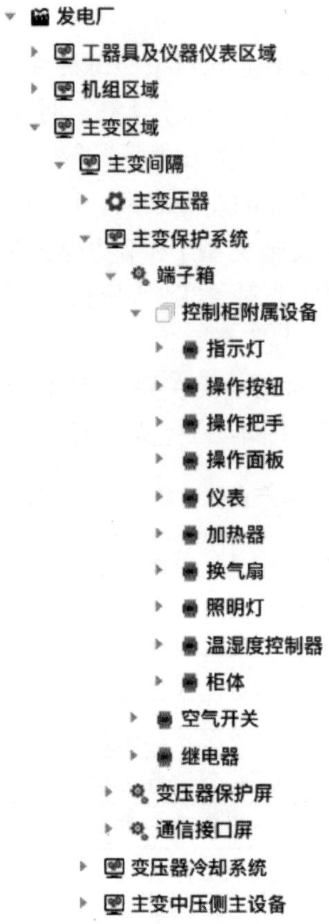

```
▼ 🏭 发电厂
    ▶ 🖳 工器具及仪器仪表区域
    ▶ 🖳 机组区域
    ▼ 🖳 主变区域
        ▼ 🖳 主变间隔
            ▶ ⚙ 主变压器
            ▼ 🖳 主变保护系统
                ▼ ⚙ 端子箱
                    ▼ 🗇 控制柜附属设备
                        ▶ 🔲 指示灯
                        ▶ 🔲 操作按钮
                        ▶ 🔲 操作把手
                        ▶ 🔲 操作面板
                        ▶ 🔲 仪表
                        ▶ 🔲 加热器
                        ▶ 🔲 换气扇
                        ▶ 🔲 照明灯
                        ▶ 🔲 温湿度控制器
                        ▶ 🔲 柜体
                    ▶ 🔲 空气开关
                    ▶ 🔲 继电器
                ▶ ⚙ 变压器保护屏
                ▶ ⚙ 通信接口屏
        ▶ 🖳 变压器冷却系统
        ▶ 🖳 主变中压侧主设备
```

图 4-3　发电厂资产台账结构模型

　　下面以"发电厂资产台账结构模型"为例，简要说明资产台账结构模型的构建过程。设施和功能分组的功能位置类型可以定义功能位置结构模型，描述下级允许包含的功能模块或系统。发电企业的设施类型主要为各类型发电厂，表 4-22 给出了一个通用"发电厂"的定义，发电厂主要由机组区域、主变区域等功能分组类型实例构成。

表 4-22　发电厂的主动关系

序号	关系名称	关系类型	是否终止	源类	目标类	基数
1	构成设施台账的适用功能分组类型	收敛模式	否	发电厂	机组区域	1:N
2		收敛模式	否	发电厂	主变区域	1:N
3		收敛模式	否	发电厂	厂用电区域	1:N
4		收敛模式	否	发电厂	站级监控系统区域	1:N
5		收敛模式	否	发电厂	工器具及仪器仪表区域	1:N

功能分组类型主要为各类区域或功能系统。表 4-23 给出了"主变区域"的定义，主变区域是发电厂的重要组成部分，主变区域由主变间隔构成。

表 4-23　主变区域的主动关系

序号	关系名称	关系类型	是否终止	源类	目标类	基数
1	构成功能分组的功能分组类型	收敛模式	否	主变区域	主变间隔	1：N

功能分组是一个自包含结构，主变间隔本身也是一个功能分组类型。表 4-24 给出了"主变间隔"的定义，主变间隔由若干子功能分组构成，以及主变间隔下包含主变压器设备。

表 4-24　主变间隔的主动关系

序号	关系名称	关系类型	是否终止	源类	目标类	基数
1	构成功能分组的功能分组类型	收敛模式	否	主变间隔	主变保护系统	1：N
2		收敛模式	否	主变间隔	变压器冷却系统	1：N
3		收敛模式	否	主变间隔	主变中压侧主设备	1：N
4		收敛模式	否	主变间隔	主变低压侧主设备	1：N
5		收敛模式	否	主变间隔	主变控制系统	1：N
6		收敛模式	否	主变间隔	主变中性点设备	1：N
7	构成功能分组的设备类型	收敛模式	否	主变间隔	主变压器	1：N

表 4-25 给出了"主变保护系统"的定义，主变保护系统由端子箱、变压器保护屏、通信接口屏等分立器件共同构成，这些分立器件都属于成套设备类型。

表 4-25　主变保护系统的主动关系

序号	关系名称	关系类型	是否终止	源类	目标类	基数
1	构成功能分组的适用成套设备类型	收敛模式	否	主变保护系统	端子箱	1：N
2		收敛模式	否	主变保护系统	变压器保护屏	1：N
3		收敛模式	否	主变保护系统	通信接口屏	1：N

表 4-26 给出了端子箱适用的部件及组件清单。组件是用于分组作用的虚拟节点，部件是可以安装产品的实体节点。

表 4-26　端子箱的主动关系

序号	关系名称	关系类型	是否终止	源类	目标类	基数
1	构成成套设备的部件类型	收敛模式	否	端子箱	空气开关	1：N
2		收敛模式	否	端子箱	继电器	1：N
3	构成成套设备的组件类型	收敛模式	否	端子箱	控制柜附属设备	1：N

表 4-27 给出了控制柜附属设备的部件清单，适用的部件清单有指示灯、继操作按钮、操作面板等。

表 4-27　控制柜附属设备的主动关系

序号	关系名称	关系类型	是否终止	源类	目标类	基数
1	构成组件的部件类型	收敛模式	否	控制柜附属设备	指示灯	1：N
2		收敛模式	否	控制柜附属设备	继操作按钮	1：N
3		收敛模式	否	控制柜附属设备	操作面板	1：N
4		收敛模式	否	控制柜附属设备	……	1：N

同理，按照如上构建方法，可以进一下细化构建出"水力发电厂资产台账结构模型"，如图 4-4 所示。

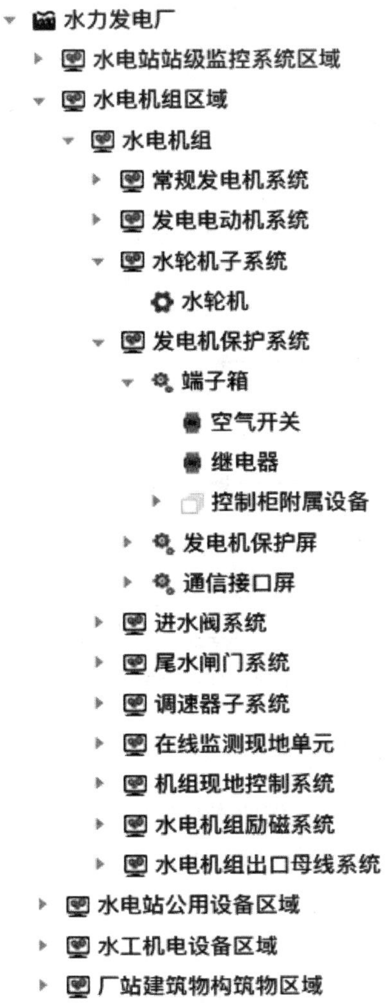

- ▾ 🏭 水力发电厂
  - ▸ 🖥 水电站站级监控系统区域
  - ▾ 🖥 水电机组区域
    - ▾ 🖥 水电机组
      - ▸ 🖥 常规发电机系统
      - ▸ 🖥 发电电动机系统
      - ▾ 🖥 水轮机子系统
        - ⚙ 水轮机
      - ▾ 🖥 发电机保护系统
        - ▾ ⚙ 端子箱
          - 🔲 空气开关
          - 🔲 继电器
          - ▸ ▢ 控制柜附属设备
        - ▸ ⚙ 发电机保护屏
        - ▸ ⚙ 通信接口屏
      - ▸ 🖥 进水阀系统
      - ▸ 🖥 尾水闸门系统
      - ▸ 🖥 调速器子系统
      - ▸ 🖥 在线监测现地单元
      - ▸ 🖥 机组现地控制系统
      - ▸ 🖥 水电机组励磁系统
      - ▸ 🖥 水电机组出口母线系统
  - ▸ 🖥 水电站公用设备区域
  - ▸ 🖥 水工机电设备区域
  - ▸ 🖥 厂站建筑物构筑物区域

图 4-4　水力发电厂资产台账结构模型

4.2　安全风险信息模型（RIM）

4.2.1　模型框架

　　安全风险信息元模型是基于 MOF 四层元模型架构，通过对作业风险数据进行抽象形成风险模型，对风险模型进行再抽象，并对风险模型的结构及关联关系进行建模而形成的。

125

　　安全风险信息模型框架主要包括作业活动特征、致害物、致害方式、诱导性原因、风险类型、事件类型、后果分类、控制措施（图 4-5）。

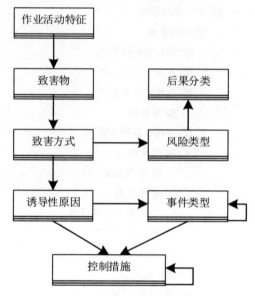

图 4-5　安全风险信息模型框架

4.2.2　后果、原因与控制措施

　　对作业风险的分析，首先需要从作业本身出发，识别出不同作业所具有的活动特征。作业活动特征指明了作业的关键特点，从该特点进而可以延伸出整个作业风险的链条。该链条可以分为三大方面，分别是风险及其所导致的后果、引发风险的原因、对应的控制措施。

　　从作业活动特征出发，我们可以分析作业活动特征所包含的致害物及致害方式，进而分析出致害方式的风险类型及可能导致的后果。从致害物及致害方式出发，我们可以分析引发该风险的原因，称其为诱导性原因，进一步从原因分析出发生的事件及次生事件。从诱导性原因出发，我们可以有针对性地提出直接控制措施和管理措施，从而有效地保障风险不会发生。

　　图 4-6 给出了一个典型的作业风险案例。

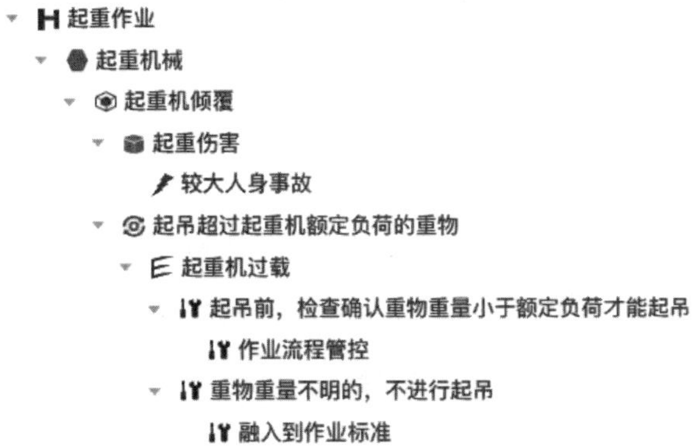

▼ H 起重作业
　　▼ ● 起重机械
　　　　▼ ◉ 起重机倾覆
　　　　　　▼ ▣ 起重伤害
　　　　　　　　⚡ 较大人身事故
　　　　　　▼ ◎ 起吊超过起重机额定负荷的重物
　　　　　　　　▼ E 起重机过载
　　　　　　　　　　▼ ↓Y 起吊前，检查确认重物重量小于额定负荷才能起吊
　　　　　　　　　　　　↓Y 作业流程管控
　　　　　　　　　　▼ ↓Y 重物重量不明的，不进行起吊
　　　　　　　　　　　　↓Y 融入到作业标准

图 4-6　一个典型的作业风险案例

　　在该案例中，作业活动特征为起重作业，在起重作业中会有起重机械这一致害物，存在的致害方式为起重机倾覆，这一致害方式的风险类型称为起重伤害，可能会导致较大人身事故这一后果。在这一风险中，引起起重机倾覆的诱导性原因一般为起吊超过起重机额定负荷的重物，该原因会导致起重机过载这一事件。对于该事件，有两种控制措施：一是起吊前，检查确认重物重量小于额定负荷才能起吊，该措施在管理措施上应该作为作业流程管控；二是重物重量不明的，不进行起吊，该措施在管理措施上应该融入作业标准中。经过上面梳理，可得到表4-28。

表 4-28　作业风险案例信息

作业活动特征	起重作业	
致害物	起重机械	
致害方式	起重机倾覆	
风险类型	起重伤害	
最可能的后果	较大人身事故	
诱导性原因	起吊超过起重机额定负荷的重物	
事件	起重机过载	
次生事件	—	
直接控制措施	起吊前，检查确认重物重量小于额定负荷才能起吊	重物重量不明的，不进行起吊
管理措施	制定作业规范规程	融入作业标准

4.2.3 业务元对象

4.2.3.1 作业活动特征

对生产作业过程设计的单一作业特征、人员活动特征进行描述，一般活动特征具有特定的危害和风险。表 4-29 给出了作业活动特征的类实例清单。

表 4-29 作业活动特征的类实例清单

第一级	第二级	第三级
高处及临边作业		
	高处作业	
		设备上的高处作业
		固定平台上的高处作业
		脚手架上的高处作业
		高空作业车上的作业
		移动平台上的高处作业
	临边作业	
	洞口作业	
	攀登作业	
		梯子上的攀登作业
	悬空作业	
	交叉作业	
起重作业		
	固定式起重机作业	
		天车起重
		手（电）动葫芦牵引
	移动式起重机作业	
	叉车起重作业	
运输作业		
有限空间作业		
	地下有限空间	
	容器内部作业	
	发电机风洞内作业	
	水轮机过水部件作业	

作业活动特征在元模型上关联了致害物，同时被生产作业信息模型中的检修试验项目类型所关联。表 4-30 和表 4-31 展示了作业活动特征的主动元关联及被动元关联。

表 4-30　作业活动特征的主动元关联

元关联名称	目标类	关系类型	基数
可能涉及的致害物	致害物	收敛模式	1：N

表 4-31　作业活动特征的被动元关联

元关联名称	目标类	关系类型	基数
适用的作业活动特征	检修试验项目类型	收敛模式	1：N

在 4.2.2 的作业风险案例中，起重作业这一作业活动特征便关联了起重机械这一致害物，实际上作业中的货物也是致害物之一。

4.2.3.2　致害物

直接引起伤害、财产损失、工作环境破坏的物体或物质。表 4-32 给出了致害物的类实例清单。

表 4-32　致害物的类实例清单

第一级	第二级	第三级
电气设备		
	母线	
	配电箱	
	电气保护装置	
	电阻箱	
	蓄电池	
	照明设备	
	手持行灯	
	其它	
梯架		
	单梯	
	脚手架	
	人字梯	
空气		
	有毒害气体	

第一级	第二级	第三级
	窒息性气体	
	高温环境	
锅炉、压力容器		
	锅炉	
	压力容器	
	压力管道	
	安全阀	
	其他	
大气压力		
	高压（指潜水作业）	
	低压（指空气稀薄的高原地区）	
机械		
	搅拌机	
	送料装置	
	农业机械	
	林业机械	
	铁路工程机械	
	铸造机械	
	锻造机械	
	焊接机械	
	粉碎机械	
	金属切削机床	
	公路建筑机械	
	矿山机械	
	冲压机	
	印刷机械	
	压辊机	
	筛选、分离机	
	纺织机械	
	木工刨床	
	木工锯机	

第一级	第二级	第三级
	其他木工机械	
	皮带传送机	
	其他	
金属件		
	钢丝绳	
	铸件	
	铁屑	
	齿轮	
	飞轮	
	螺栓	
	销	
	丝杠、光杠	
	绞轮	
	轴	
	其他金属件	
	风洞内定转子部件棱角突出	
	高温的定/转子	
起重机械		
	塔式起重机	
	龙门式起重机	
	梁式起重机	
	门座式起重机	
	浮游式起重机	
	甲板式起重机	
	桥式起重机	
	缆索式起重机	
	履带式起重机	
	叉车	
	电动葫芦	
	绞车	
	卷扬机	
	桅杆式起重机	

续表

第一级	第二级	第三级
	壁上起重机	
	铁路起重机	
	千斤顶	
	其他	
货物		
噪声		
蒸气		
手工具（非动力）		
电动手工具		
动物		
企业车辆		
	高空作业车	
	高空作业车工作斗	
船舶		
人员		
	高处作业的人员	
		斗臂车上的人员
	有限空间内的作业人员	
	临边作业的人员	
	洞口作业的人员	
煤、石油产品		
	煤	
	焦炭	
	沥青	
	其他	
木材		
	树	
	原木	
	锯材	
	其他	
放射性物质		
化学品		

第一级	第二级	第三级
	酸	
	碱	
	氢	
	氨	
	液氧	
	氯气	
	酒精	
	乙炔	
	火药	
	炸药	
	芳香烃化合物	
	砷化物	
	硫化物	
	二氧化碳	
	一氧化碳	
	含氰物	
	卤化物	
	金属化合物	
	其他化学品	
		瓦斯气体
黏土、砂、石		
其他		
	狭窄的作业环境	
物品		
	携带进有限空间的物品	
	高处或临边放置的物品	

致害物在元模型上关联了致害方式,同时被作业活动特征所关联。表 4-33 和表 4-34 展示了致害物的主动元关联及被动元关联。

表 4-33 致害物的主动元关联

元关联名称	目标类	关系类型	基数
适用的致害方式	致害方式	收敛模式	1：N

表 4-34 致害物的被动元关联

元关联名称	目标类	关系类型	基数
可能涉及的致害物	作业活动特征	收敛模式	1：N

在 4.2.2 的作业风险案例中，起重机械这一致害物便关联了起重机倾覆这一致害方式。同时，起重机械也被多个作业活动特征所关联，如起重作业、固定式起重机作业、天车起重作业、手（电）动葫芦牵引作业、移动式起重机作业。

4.2.3.3 致害方式

致害方式是指致害物与人体或其他被害物发生接触的方式。表 4-35 给出了致害方式的类实例清单。

表 4-35 致害方式的类实例清单

第一级	第二级	第三级
碰撞		
	人撞固定物体	
	运动物体撞人	
	互撞	
撞击		
	吊物落下	
	飞来物	
	与转轮 / 定转子发生碰撞	
坠落		
	人由高处坠落平地	
	人由平地坠入井 / 坑洞	
	人由临边坠落平地	
	物品由高处掉落	
跌倒		
坍塌		
淹溺		
	水充满有限空间	
灼烫		
火灾		
辐射		
爆炸		

第一级	第二级	第三级
	瓦斯气体爆炸	
中毒和窒息		
	经鼻	
		吸入有毒气体
		吸入窒息性气体
	皮肤吸收有毒物质	
	经口	
接触		
	高低温环境	
	高低温物体	
	接触高温环境	
	接触狭窄作业环境	
	接触高温物体	
		接触高温定转子
掩埋		
倾覆		
	起重机倾覆	
	车辆倾覆	
		叉车侧翻
		斗臂车倾覆
	人字梯倾覆	
	单梯倾覆–拖带人员坠落	
放电		
	用电设备对人体放电	
		照明设备对人体放电

致害方式在元模型上关联了风险类型和诱导性原因，同时被致害物所关联。表 4-36 和表 4-37 展示了致害方式的主动元关联及被动元关联。

表 4-36　致害方式的主动元关联

元关联名称	目标类	关系类型	基数
可能造成的风险	风险类型	收敛模式	1：N
适用的诱导性原因	诱导性原因	收敛模式	1：N

表 4–37   致害方式的被动元关联

元关联名称	目标类	关系类型	基数
适用的致害方式	致害物	收敛模式	1 : N

在 4.2.2 的作业风险案例中，起重机倾覆这一致害方式便关联了风险类型（起重伤害）和诱导性原因（起吊超过起重机额定负荷的重物）。同时，起重机倾覆也被多个致害物所关联，如起重机械、塔式起重机、龙门式起重机等。

4.2.3.4   风险类型

风险是指某一特定危害可能造成损失或损害的潜在性变成现实的机会，通常表现为某一特定危险情况发生的可能性和后果的组合。表 4–38 给出了风险类型的类实例清单。

表 4–38   风险类型的类实例清单

第一级	第二级	第三级	第四级
人身风险			
	高处坠落		
	触电		
	外力外物致伤		
		物体打击	
			砸伤
		车辆伤害	
		起重伤害	
		机械伤害	
			割伤
			绞伤
			夹伤
			撞伤
			剪切伤
			碾压
			刺伤
		爆炸	
			火药爆炸
			瓦斯爆炸
			锅炉爆炸

第一级	第二级	第三级	第四级
			容器爆炸
			其他爆炸
		跌打损伤	
		动物咬伤	
	坍塌		
	淹溺		
	烧烫伤		
		化学灼伤	
		高温物体烫伤	
	窒息		
	中毒		
	中暑		
电网风险			
	减供负荷		
	电能质量不合格		
		电压波动	
		频率波动	
	系统失稳		
		系统瓦解	
		频率失稳	
		系统震荡	
	全站失压		
	非正常解列		
设备风险			
	设备损坏		
	被迫停运		
		启动失败	
		停机失败	
		跳机	
	设备性能下降		
	大坝损坏		
职业健康风险			

137

第一级	第二级	第三级	第四级
	公共卫生		
	职业性疾病		
		职业中毒	
		接触性皮肤伤害	
		肺功能障碍	
		腰肌劳损	
		听力受损	
		视力受损	
		肩劳损	
		其他职业性疾病	
	精神障碍		
	心理伤害		
	职业病		
社会影响风险			
	法律纠纷		
	社会安全		
	群体事件		
	声誉受损		

风险类型在元模型上关联了最可能的后果，同时被致害方式所关联。表 4-39 和表 4-40 展示了风险类型的主动元关联及被动元关联。

表 4-39　风险类型的主动元关联

元关联名称	目标类	关系类型	基数
可能导致的后果	最可能的后果	收敛模式	1∶N

表 4-40　风险类型的被动元关联

元关联名称	目标类	关系类型	基数
可能导致的风险	致害方式	收敛模式	1∶N

在 4.2.2 的作业风险案例中，起重伤害这一风险类型便关联了较大人身事故这一最可能的后果。同时，起重伤害也被多个致害方式所关联，如起重机倾覆、斗臂车倾覆。

4.2.3.5　最可能的后果

最可能的后果是指与致害物 + 致害方式构成直接因果关系，某事件对目标影响的结果。表 4-41 给出了最可能的后果的类实例清单。

表 4-41　最可能的后果的类实例清单

第一级	第二级	第三级	第四级
安全			
	人身事故事件		
		人身死亡事故	
			特别重大人身事故
			重大人身事故
			较大人身事故
			一般人身事故
		人员重伤事故	
			人员重伤 ≥ 10 人
			人员重伤 3 ~ 9 人
			人员重伤 1 ~ 2 人
		人员轻伤事件	
			人员轻伤 3 人以上
			人员轻伤 1 ~ 2 人
		人员轻微伤害事件	
			小的割伤、擦伤、撞伤
	设备事故事件		
		电力安全六级事件	
		较大及以上电力安全事故	
		电力安全三级事件	
		电力安全一级、二级事件	
		电力安全四级、五级事件	
		一般电力安全事故	
	设备损坏或财产损失		

续表

第一级	第二级	第三级	第四级
		设备损坏或财产损失 1000 元以下	
		设备损坏或财产损失 ≥ 1000 万元	
		设备损坏或财产损失在 1 万元到 10 万元之间	
		设备损坏或财产损失在 10 万元到 100 万元之间	
		设备损坏或财产损失在 1000 元到 1 万元之间	
		设备损坏或财产损失在 100 万元到 1000 万元之间	
健康			
	无法复原的职业病		
		造成 3 ~ 9 例无法复原的严重职业病	
		造成 1 ~ 2 例无法复原的严重职业病	
	很难治愈的职业病		
		造成 9 例以上很难治愈的职业病	
		造成 3 ~ 9 例很难治愈的职业病	
		造成 1 ~ 2 例难治愈的职业病	
	可治愈的职业病		
		造成 3 ~ 9 例可治愈的职业病	
		造成 1 ~ 2 例可治愈的职业病	
	与职业有关的疾病		
		造成 9 例以上与职业有关的疾病	

第一级	第二级	第三级	第四级
		造成3～9例与职业有关的疾病	
		造成1～2例与职业有关的疾病	
	影响健康的事件		
		造成3～9例有影响健康的事件	
		造成1～2例有影响健康的事件	
环境			
	造成大范围环境破坏		
	造成人员死亡、环境恢复困难		
	严重违反国家环境保护法律法规		
	造成较大范围的环境破坏		
	影响后果可导致急性疾病或重大伤残，居民需要撤离		
	政府要求整顿		
	影响到周边居民及生态环境，引起居民抗争		
	对周边居民及环境有些影响，引起居民抱怨、投诉		
	轻度影响到周边居民及小范围（现场）生态环境		
	对现场景观有轻度影响		
社会影响			
	受国家级媒体负面曝光		

第一级	第二级	第三级	第四级
	受上级政府主管部门处罚或通报		
	供电中断导致赔偿≥100万元		
	受省级媒体或信息网络负面曝光		
	受南方电网公司处罚或通报		
	供电中断导致赔偿在10万元到100万元之间		
	受地市级媒体负面曝光或相关方人员集体联名投诉		
	受公司处罚或通报		
	受县区级媒体负面曝光或大量人员投诉		
	受本单位内部处罚或通报		
	供电中断导致赔偿在1000元到1万元之间		
	少量相关方人员投诉		
	受本单位内部批评		
	个别相关方人员投诉		

最可能的后果在元模型上被风险类型所关联。表 4-42 和表 4-43 展示了最可能的后果的主动元关联及被动元关联。

表 4-42　最可能的后果的主动元关联

元关联名称	目标类	关系类型	基数
*	*	*	*

表 4-43　最可能的后果的被动元关联

元关联名称	目标类	关系类型	基数
可能导致的后果	风险类型	收敛模式	1 ：N

在 4.2.2 的作业风险案例中，较大人身事故这一最可能的后果被起重伤害这一风险类型所关联。同时，较大人身事故还会被其他风险类型所关联，如瓦斯爆炸。

4.2.3.6　诱导性原因

诱导性原因包括可能导致伤害或者疾病、财产损失、工作环境破坏或这些情况组合的条件或行为。表 4-44 给出了诱导性原因的类实例清单。

表 4-44　诱导性原因的类实例清单

第一级	第二级	第三级	第四级	第五级
物理危害				
	个人防护用品用具缺少或缺陷			
		不合格的个人防护用品用具		
			不合格的坠落跌落伤害防护用品	
			不合格的电气伤害防护用品	
			不合格的水上救生防护用品	
			不合格的有毒害物质伤害防护用品	
			不合格的粉尘伤害防护用品	
			不合格的噪声防护用品	
			不合格的传染病防护用品	
		无个人防护用品用具		
			无坠落跌落伤害防护用品	

143

第一级	第二级	第三级	第四级	第五级
			无电气伤害防护用品	
			无水上救生防护用品	
			无有毒害物质伤害防护用品	
			无粉尘伤害防护用品	
			无噪声防护用品	
			无传染病防护用品	
	安全防护设施缺少或缺陷			
		不合格的安全防护设施		
			缺乏安全带挂点的高处作业现场	
			护栏高度不足的高处作业平台	
			用警示带代替围栏的高处作业现场	
			不稳定的作业平台	
			梯架缺陷	
			存在缺陷的梯子	
			存在缺陷的脚手架	
			未满铺的脚手架平台	
			不稳定的脚手架	
		无安全防护设施		
			临空一面无安全网或护栏的高处作业平台	

第一级	第二级	第三级	第四级	第五级
			未封闭且未围蔽的孔洞	
			无隔离防护罩	
			无安全保险装置	
			锋利/尖锐的物体	
			裸露的高温设备或物品	
	工器具缺少或缺陷			
		一般工器具缺少或缺陷		
			无可用的一般工器具	
			有缺陷的一般工器具	
		绝缘工器具缺少或缺陷		
			有缺陷的绝缘工器具	
			有绝缘缺陷的照明设备	
			无可用的绝缘工器具	
	设备设施部件缺陷			
		起重设备缺陷		
			钢丝绳磨损或断股	
			起重机吊钩锁定缺陷	
		用电设备缺陷		
			用电箱缺陷	
				无漏电保护装置

第一级	第二级	第三级	第四级	第五级
				漏电保护装置故障
				一个漏电开关接入多个用电设备
			用电设备外壳未可靠接地	
			用电设备外壳绝缘缺陷	
			电缆（线）绝缘故障	
			电缆（线）破损	
			电缆（线）浸泡在水中	
		车辆存在缺陷		
			斗臂车存在缺陷	
	信号缺陷			
		信号不好		
		信号被屏蔽		
	标识牌缺少或缺陷			
		无标识		
			不清晰的标识	
				不清晰的二次端子标识
				不清晰的控制按钮标识
		标识粘贴位置不合理		
		错误的标识		
	噪声			
行为危害				
	攀、坐、站在不安全位置			

146

第一级	第二级	第三级	第四级	第五级
		在高处作业下方通行或逗留		
		在起吊物下方通行或逗留		
		处于梯子顶部的人员		
		站、坐在平台护栏或边缘		
		人处在移动的高处作业平台或梯架上		
		面对化学用品试管口		
		站在物品滑落侧		
		沿脚手杆或栏杆等攀爬		
	未按规定使用安全工器具			
		误用高电压等级行灯		
		上下梯过程中手中携带物品		
		高处作业人员抛掷物品		
		用人工代替工具作业		
		梯子无专人扶持或未绑扎牢固		
		不按规定使用铜制等防静电工具		
		梯子放置的位置不平整		
		人员及物品重量超过梯子能承受的总重量		

续表

第一级	第二级	第三级	第四级	第五级
		单梯与地面的斜角度不为 60° 左右		
	未按规定使用个人防护用品			
		未按规定使用安全帽		
		未按规定使用安全带		
			移动时取下安全带	
			忘记佩戴安全带	
			嫌麻烦未佩戴安全带	
			人员不会使用	
			监护人员未纠正	
		未按规定使用护耳器（耳塞）		
		未按规定使用绝缘手套		
		未按规定使用水上救生防护用品		
		未按规定使用化学防护用品		
	未按规定着装			
		不按规定穿安全鞋		
		不按规定穿工作服		
		不按规定穿防静电服		
	未按规定程序作业			
		不按作业文件流程作业		

第一级	第二级	第三级	第四级	第五级
		未清点受限空间出入人员及携带物品即关闭出入口门		
		气体检测采样点无代表性		
		采样点无代表性，有毒气体浓度测量值和实际值误差较大		
		采样点无代表性，氧气浓度测量值和实际值误差较大		
		定子、转子刚停机时温度较高，未经冷却即进入作业		
	物体存放不当			
		高处作业平台上未摆放整齐的物品		
		放在栅格式平台上的小件物品		
		物品不按规定回收		
	监护或指挥错误			
		不按规定进行监护		
			无专人监护的高处作业现场	
			无人监护的密闭空间出入口	
		不按规定进行指挥		
			起重作业无人指挥	

第一级	第二级	第三级	第四级	第五级
			起重作业多人指挥	
	违章驾驶			
		超速驾驶		
		酒后驾驶		
		边打手机边驾驶		
	未按规定路线行进			
		未按划定吊运路径行进		
		越过围栏/护栏		
	未经许可擅自操作			
		擅自启动设备		
		擅自关闭设备		
		擅自变更参数		
		擅自退出闭锁装置		
		擅自投入能量源		
			擅自送电	
			擅自开启阀门	
		擅自变更程序		
	缺乏经验和技能			
		高处作业人员技能不足		
	起吊超过起重机额定负荷的重物			
	未按规定停放车辆			
		未按规定停放斗臂车		
	其他行为危害			
		挟带火种进入作业环境		

第一级	第二级	第三级	第四级	第五级
		长时间在狭窄环境作业		
环境危害				
	通风不良			
		通风不良，有毒害气体聚集		
		通风不良，窒息性气体聚集		
		通风不良，作业环境散热效果不佳		
		通风不良，瓦斯气体集聚		
		通风不良，作业时氧气被大量消耗或引入单纯性窒息气体		
人机功效危害				
	人在风洞内行动受限，不易观察周围突出物情况			

诱导性原因在元模型上关联了事件类型和控制措施，同时被致害方式所关联。表 4-45 和表 4-46 展示了诱导性原因的主动元关联及被动元关联。

表 4-45　诱导性原因的主动元关联

元关联名称	目标类	关系类型	基数
可能造成的中间事件	事件	收敛模式	1：N
适用的控制措施	控制措施	收敛模式	1：N

表 4-46　诱导性原因的被动元关联

元关联名称	目标类	关系类型	基数
适用的诱导性原因	致害方式	收敛模式	1:N

在 4.2.2 的作业风险案例中，起吊超过起重机额定负荷的重物这一诱导性原因便关联了事件起重机过载。同时，起吊超过起重机额定负荷的重物也被致害方式所关联，如起重机倾覆。

4.2.3.7 事件

事件是进一步解释诱导性原因产生后果的过程。表 4-47 给出了事件的类实例清单。

表 4-47 事件的类实例清单

第一级	第二级	第三级
安全工器具事件		
	人和梯子整体重心偏移	
	车辆失去稳定	
		移动式起重机失去稳定
		斗臂车失去稳定
个人防护用品事件		
	头部失去安全帽的保护	
	人员在高处无坠落防护用品的保护	
	防护用品失效	
环境事件		
	作业环境缺氧	
	有害气体浓度超过限值	
	误判断有毒害气体浓度	
	误判断氧气浓度	
	排挤有限空间内的氧气，造成环境缺氧	
	作业环境温度持续升高	
安全设施事件		
	人员在高处无护栏防护	
	梯子结构散架	
	梯子侧滑或倾覆	
	护栏高度低于人体重心	
	起重机过载	
	起吊物脱落	
	钢丝绳断裂	
消防安全事件		
	着装摩擦产生静电，构成爆炸点火源	

第一级	第二级	第三级
	工器具碰撞产生静电，构成爆炸点火源	
	火种释放能量，构成爆炸点火源	
	易燃易爆气体浓度达到爆炸极限	
其他事件		
	人员（物品）被遗留在受限空间	
	肢体长时间得不到舒展，肌肉酸胀	
	转弯速度过快	

事件在元模型上关联了控制措施和事件（自关联），同时被诱导性原因所关联。表 4-48 和表 4-49 展示了事件的主动元关联及被动元关联。

表 4-48　事件的主动元关联

元关联名称	目标类	关系类型	基数
适用的控制措施	控制措施	收敛模式	1∶N
可能导致的次生事件	事件	收敛模式	1∶N

表 4-49　事件的被动元关联

元关联名称	目标类	关系类型	基数
可能导致的次生事件	事件	收敛模式	1∶N
可能导致的中间事件	诱导性原因	收敛模式	1∶N

在 4.2.2 的作业风险案例中，起重机过载这一事件便关联了两个控制措施，分别是：起吊前检查确认重物重量小于额定负荷才能起吊；重物重量不明的不进行起吊。同时，起重伤害也被诱导性原因所关联，如起吊超过起重机额定负荷的重物。

4.2.3.8　控制措施

控制措施是用于实现风险减小的举措，控制措施分为直接措施（作业风险管控检查或隐患排查表单）和管理措施（安全检查表单）。

直接措施：为降低风险针对诱导性原因而制定的控制措施（技术措施、行为

153

措施等）。

管理措施：保证直接措施得以持续有效而制定的控制措施（规程、教育培训、投入、作业许可、监督等）。

①属于管理措施的融入业务指导书中。

②属于作业过程执行措施的融入作业标准中。

③属于设备维修改造的纳入技改修理项目计划中。

④属于完善电网结构的纳入电网规划和建设中。

⑤属于运行监控、巡检维护的纳入日常生产工作计划中。

⑥属于人员意识和技能的纳入培训计划中。

⑦属于作业环境的纳入日常费用或年度修理改造项目计划中。

⑧属于生产用具的纳入日常或年度生产用具维护、更新项目计划中。

⑨属于职业健康的纳入个人防护用品配置及员工健康体检计划中。

表 4-50 给出了控制措施的类实例清单。

表 4-50　控制措施的类实例清单

第一级	第二级	第三级	第四级
限制能量、行为、状态			
	工作监护		
		监护人员行为	
			安排专人工作监护，吊物下方及散落轨迹内禁止站人
			安排专人监护，监护人员在不超过距离梯子顶部 1 m 处工作
		监护人员防护用品穿戴	
			工作负责人监护作业人员穿防静电鞋、服
			监护人检查作业人员正确使用安全带
			监护人检查作业人员正确佩戴安全帽

第一级	第二级	第三级	第四级
	实时检验或检测		
		作业过程中每半小时（或随时）检测有毒害气体浓度	
		作业过程中每半小时（或随时）检测氧气浓度	
消除／终止			
	作业后点检		
		关闭受限空间出入口前，工作负责人清点人员及其携带物品	
	作业前点检		
		作业前检查工器具、安全设施	
			作业前点检，检查确认钢丝绳状况良好
			作业准备时对照明灯具状态进行检查，发现绝缘存在问题进行更换
			作业前点检，检查确认起重机吊钩锁定完好
			选择地面平整坚固的地方停放车辆
			工作负责人检查携带工器具，要求是铜制工器具
			作业前点检，对车辆进行检查
			作业前点检，对斗臂车状况进行检查

第一级	第二级	第三级	第四级
			工作负责人检查照明灯具电压不大于 12 V 才允许带入
			作业前点检，检查确认梯子无断纹、无变形、无缺档等才能使用
			作业前点检，检查距梯顶 1 m 处设限高标志完好
		作业前检查安全防护用品	
			作业前点检，坠落防护用品外观检查
		作业前检验、检测	
			检测环境温度，温度超过 50 ℃时，取消作业
			检测环境温度，温度在 40 ℃～50 ℃时，工作负责人安排轮流工作和休息
			检测易燃易爆气体含量低于爆炸下限才进入
			进入密闭空间前检测有毒害气体浓度，有毒害气体浓度均低于低限值才进入
			进入密闭空间前检测氧气浓度，氧气浓度在 18%～22% 方可进入
			佩戴空气呼吸器或长管面具，在作业地点及周围取样

第一级	第二级	第三级	第四级
			进入有限空间时由近至远检测有毒害气体（氧气）浓度
			使用泵吸式气体检测报警仪对作业面进行监护检测
		其他作业前点检	
			起吊前，检查确认重物重量小于额定负荷才能起吊
			起重前，核实重物质量，重量不明的，不进行起吊
			与值班员确认定转子温度为常温时，才许可进入作业
	打开受限空间通风孔进行自然通风		
	采用强制通风，并保持通风设备一直运行		
	受限空间入口设置火种收集盒，安排专人督促火种检查		
	向其他班组借用坠落防护用品		
	启动机组空冷器进行降温		
	释放能量		
	取消作业		
替代			
	搭设脚手架作业平台开展作业		
	人员安排		
		每次进入狭窄空间进行作业 ×× 分钟安排休息或多人轮换作业	

第一级	第二级	第三级	第四级
		安排经过高处作业培训的人员工作	
转移			
工程（改造、修理）			
	安装安全带挂点		
隔离			
	安排专人在受限空间出入口监护人员出入登记		
	加装高度不低于1.05 m的临时硬质护栏		
	使用软质布匹或皮革将突出的棱角金属件进行包裹		
应急措施			
行政管理			
	融入业务指导书		
		开展培训效果检查，开展有计划工作观察（PJO）	
		将培训内容进行过关考核	
			将监护人相关安全职责列入必考项
	融入作业标准		
		作业流程管控	
	纳入技改修理项目计划		
	纳入电网规划和建设		
	纳入日常生产工作计划		
		纳入任务观察计划	
			将班前会开展情况检查纳入任务观察计划

第一级	第二级	第三级	第四级
	纳入培训或取证计划		
		纳入日常费用或年度修理改造项目计划	
		纳入日常或年度生产用具维护、更新项目计划	
		纳入个人防护用品配置及员工健康体检计划	
		纳入安全技术劳动保护措施计划	
个人防护			
	温度未降至常温必须进入时，穿戴防烫伤防护服		
安全意识和技能不足的措施			
	人员不会		
		作业前进行培训	
		安排经过培训的人员作业	
		安排经过培训并通过考核的人员	
		新上岗人员安排老师傅全程监护和指导	
	人员不熟悉		
		作业前进行安全提醒	
		作业中监护人检查人员状况	
		配置必要的警示标示牌	
	人员会但是未执行		
		安排专人监护	

控制措施在元模型上关联了控制措施（自关联），同时被诱导性原因和事件所关联。表 4-51 和表 4-52 展示了控制措施的主动元关联及被动元关联。

表 4-51　控制措施的主动元关联

元关联名称	目标类	关系类型	基数
适用的管理措施	控制措施	收敛模式	1∶N

表 4-52　控制措施的被动元关联

元关联名称	目标类	关系类型	基数
适用的控制措施	诱导性原因	收敛模式	1∶N
适用的控制措施	事件	收敛模式	1∶N
适用的管理措施	控制措施	收敛模式	1∶N

在 4.2.2 的作业风险案例中，控制措施分别有起吊前检查确认重物重量小于额定负荷才能起吊和重物重量不明的不进行起吊，它们分别关联了管理措施作业流程管控和融入作业标准。两种控制措施一般均被起重机过载的事件所关联，而两种管理措施被关联的实例则较多。

4.2.4　基于作业活动特征的风险分析元结构

通过元类之间的元关联，可得到如图 4-7 所示的元结构。

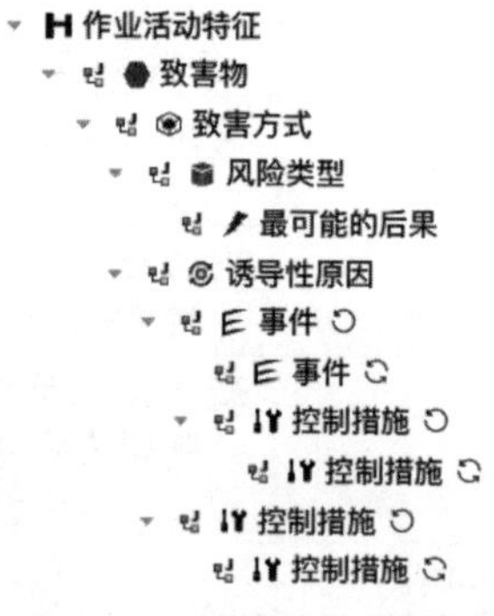

图 4-7　基于作业活动特征的风险分析元结构

该元结构从作业活动特征这一元类出发，因此将作业活动特征下的类实例按该结构及类对应的关系进行梳理，可以得到各个类实例的类结构。4.2.2 中图 4-6 给出的典型的作业风险案例，便是其中一个类结构。通过对各个类结构的整理，便完成了对安全风险信息模型的分析。图 4-8 和图 4-9 分别给出了叉车起重作业风险分析元结构案例和临边及洞口作业风险分析元结构案例。

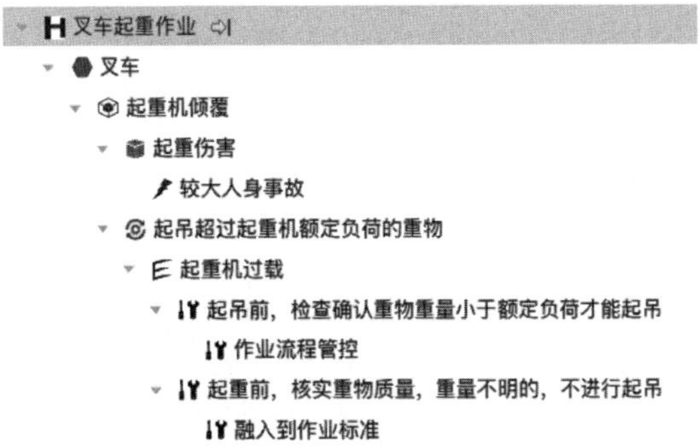

- ▾ H 叉车起重作业 ⌐|
  - ▾ ⬢ 叉车
    - ▾ ◉ 起重机倾覆
      - ▾ ⬛ 起重伤害
        - ⚡ 较大人身事故
      - ▾ ◎ 起吊超过起重机额定负荷的重物
        - ▾ E 起重机过载
          - ▾ ⬍Y 起吊前，检查确认重物重量小于额定负荷才能起吊
            - ⬍Y 作业流程管控
          - ▾ ⬍Y 起重前，核实重物质量，重量不明的，不进行起吊
            - ⬍Y 融入到作业标准

图 4-8　叉车起重作业风险分析元结构案例

- ▾ H 临边及洞口作业
  - ⬢ 梯子
  - ⬢ 脚手架
  - ▾ ⬢ 斗臂车
    - ▾ ◉ 斗臂车倾覆
      - ▾ ◎ 未按规定停放斗臂车
        - ▾ E 斗臂车失去稳定
          - ⬍Y 车辆停放在地面平整坚固的地方
      - ▾ ◎ 斗臂车存在缺陷
        - ▾ ⬍Y 作业前点检，对斗臂车状况进行检查
          - ⬍Y 作业流程管控
      - ▾ ⬛ 起重伤害
        - ⚡ 较大人身事故
  - ▾ ⬢ 高处作业的人员
    - ▾ ◉ 由高处坠落平地
      - ▾ ◎ 未按规定使用安全带
        - ▾ E 人员在高处无坠落防护用品的保护
          - ▾ ⬍Y 监护人检查作业人员正确使用安全带
            - ⬍Y 融入到作业标准
          - ▾ ⬍Y 安排经过高处作业培训的人员工作
            - ⬍Y 融入到作业标准
          - ▾ ⬍Y 向其他班组借用坠落防护用品
            - ⬍Y 纳入安全技术劳动保护措施计划
          - ▾ ⬍Y 安装安全带挂点
            - ⬍Y 纳入技改修理项目计划
      - ▸ ⬛ 高处坠落
  - ⬢ 高处或临边放置的物品

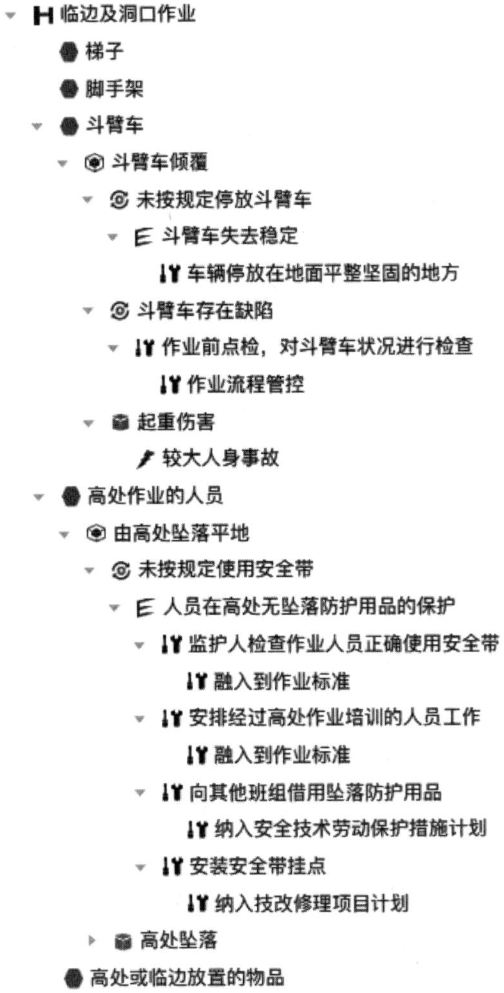

图 4-9　临边及洞口作业风险分析元结构案例

4.3 生产作业信息模型（PIM）

4.3.1 模型框架

生产作业信息是指为保障设备的健康运行，对其进行检查、检测、维护和修理的工作的统计。在规范化检修的要求中，对检修内容进行条目化，形成检修试验项目，用于管理检修的作业程序等信息。在实际作业中，检修工作根据设备间隔的范围进行组织，通过周期性的检修来确保设备的正常运行，通常将一次间隔检修分为多个阶段进行，目的在于减少重复开票、统一管理安全措施。检修工作的分配则由检修工单来进行组织，规范检修工作所包含的检修试验项目。

生产作业信息模型框架主要包括检修试验项目类型、检修等级类型、检修实施方案类型、检修阶段类型、典型工作票类型、检修工单类型等，如图 4-10 所示。

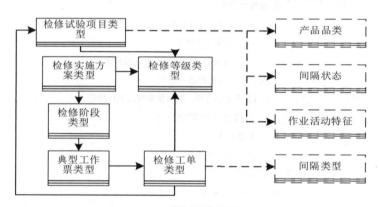

图 4-10　生产作业信息模型框架

4.3.2 作业内容、作业安全与作业安排

建立生产作业信息模型的目的，主要是对设备检修工作整体进行规范，以指导检修作业的进行。从该角度出发，生产作业信息模型分为三个方面：作业内容（检修作业做什么）、作业安全（如何保障作业安全进行）、作业安排（由谁进行作业、什么时候做）。

从最底层出发，作业内容需要决定做什么（对应检修试验项目类型），包括作业存在的特点（对应作业活动特征）、作业周期多长（对应检修等级类型）、在什么设备上做（对应产品品类）、设备应该处于什么状态才可以做（对应间隔状态），这些信息经过标准化后形成检修试验项目，在元模型上便是检修试验项目类型这一元类。

理清作业本身的内容之后，便需要明确作业所需的安全条件。在电厂的生产作业中，要求通过工作票来控制隔离边界，一般会将常用的工作票固化为典型工作票来进行选用，这在元模型上对应了典型工作票类型这一元类。由于工作票的使用一般是在一个检修阶段中开一张大票来满足该阶段中的所有检修工单，因此典型工作票类型在元模型上与检修阶段类型和检修工单类型相关联。

在作业安排中，按照常规作业将检修试验项目作为条目化的工作内容信息，通过检修工单的形式将相关的检修试验项目进行整理，以便进行工作安排。相同安全边界的检修工单对应一张典型工作票，可减少重复开票的情况。

4.3.3　业务元对象

4.3.3.1　检修试验项目类型

检修试验项目是指根据检修、试验等类型进行分类的、依据检修试验规程划分的项目。表 4-53 给出了部分检修试验项目类型（发电机机械检修部分）的类实例清单。

表 4-53　部分检修试验项目类型的类实例清单

第一级	第二级	第三级	第四级	第五级
检修				
	机械检修			
		发电机机械检修		
			定子	
				定子圆度测量
				定子中心与高程测量及调整
				定子机座及基础螺栓检查与清扫
			转子	
				转子吊出
				转子与主轴的分解
				转子圆度测量及调整
				转子磁极标高测定及调整

第一级	第二级	第三级	第四级	第五级
				转子回装
				机组轴线调整
				转动部分动平衡试验
			转子顶起装置	
				转子顶起装置检查与清扫
				转子顶起装置检查
			机架	
				上、下机架清扫与检查
				上、下机架固定螺栓检查
				机组轴承抽油雾装置清扫与检查
				上、下机架承载焊缝无损检测
				上下机架固定螺栓及销钉检查及处理
				上、下机架高程、水平和中心测量与调整
			推力轴承	
				推力轴承外观检查清扫
				推力油盆外观检查、盖板、油位计检查
				推力轴承循环油泵检查
				推力轴承循环油泵电机检查试验
				推力轴承交直流顶起装置油泵检查试验
				推力轴承交直流顶起装置油泵电机检查试验
				推力轴承油循环管路过滤器清扫及检查
				推力冷却器清扫检查
				油过滤器清扫、检查
				推力轴承解体、清扫与检查
				推力轴承绝缘电阻测试
				推力头、卡环检查处理

第一级	第二级	第三级	第四级	第五级
				推力油盆、瓦基座、挡油环检查及处理
				推力轴承镜板检查与处理
				推力轴承弹性装置测量
				本体检查及处理
				推力轴瓦厚度测量
				瓦面处理
				推力瓦支承部件检查及受力调整
				推力瓦高压注油软管检查与更换
				推力轴承及绝缘清扫、检查处理
				推力轴承冷却器清扫检查、耐压实验
				油滤过器清扫、检查
				推力油泵解体检查
				推力油槽清扫检查
				油位计检查
				推力轴承吸油雾装置清扫检查
				推力轴承油位调整及油化验
			上导轴承	
				导轴承瓦间隙测量及调整
				导轴承盖板、油盆、油位计外观检查、漏油处理
				导轴承及其油盆螺栓检查
				导轴承循环油泵检查
				导轴承循环油泵电机检查试验
				导轴承循环油过滤器清洗与检查
				导轴承外循环系统阀门、管路检查
				导轴承冷却器清扫检查
				导轴承瓦清扫、检查与修整

第一级	第二级	第三级	第四级	第五级
				导轴承瓦间隙调整部件检查
				导轴承瓦支撑部件检查
				导轴承油和水管路清扫及压力试验
				导轴承油箱、油槽清扫检查
				油槽回装后渗漏试验
				导轴承轴瓦间隙调整
				导轴承冷却器清扫检查、耐压实验
				导轴承外循环油泵与电机检查和修理
				导轴承油和水管路及其支架清扫、检查与处理
				导轴承油位调整及油化验
			下导轴承	
				导轴承瓦间隙测量及调整
				导轴承盖板、油盆、油位计外观检查、漏油处理
				导轴承及其油盆螺栓检查
				导轴承循环油泵检查
				导轴承循环油泵电机检查试验
				导轴承循环油过滤器清洗与检查
				导轴承外循环系统阀门、管路检查
				导轴承冷却器清扫检查
				导轴承瓦清扫、检查与修整
				导轴承瓦间隙调整部件检查
				导轴承瓦支撑部件检查
				导轴承油和水管路清扫及压力试验
				导轴承油箱、油槽清扫检查
				油槽回装后渗漏试验
				导轴承轴瓦间隙调整

第一级	第二级	第三级	第四级	第五级
				导轴承冷却器清扫检查、耐压实验
				导轴承外循环油泵与电机检查和修理
				导轴承油和水管路及其支架清扫、检查与处理
				导轴承油位调整及油化验
			制动系统	
				发电机制动闸板磨损量检查
				制动器闸板与制动环间隙测量与调整
				制动器分解检修及耐压试验
				制动系统位置开关检查处理
				制动系统管道阀门检查
				制动系统管路拆装、封闭、压力试验
				制动系统储气罐的无损检测
				制动系统气罐清扫检查及处理
				制动系统除锈、防腐与补漆处理
				制动系统安全阀校验
				制动系统集尘装置清扫、检查
				制动系统除粉尘装置检查清扫
				制动系统集尘装置电机清扫、检查
				制动系统发电机风闸密封及渗漏情况检查、处理
				发电机制动系统泵检查
				发电机制动系统油泵出口过滤器清洗与检查
				制动闸板检查或更换
				制动环或刹车盘检查
				制动系统检查、处理和试验
				制动器动作情况检查

第一级	第二级	第三级	第四级	第五级
				管路检查处理
			冷却系统	
				发电机空冷系统（风机或转子风扇）检查
				发电机空冷器管路渗漏检查
				发电机空冷器紧固螺栓检查
				挡风板清扫、管路及阀门清扫和渗漏处理
				发电机空冷器分解、清扫检查、防腐处理、耐压试验
				空冷器管路、伸缩节、阀门检查处理
				冷却系统保温层、风洞盖板和挡风板等通风系统检查
				冷却系统强迫循环风机检查处理
			发电机机坑	
				发电机机坑清扫

检修试验项目在元模型上关联了检修等级类型、间隔状态、产品品类、作业活动特征、技术专业类型、技术监督专业类型，同时被检修工单类型和技术监督项目类型所关联。表 4-54 和表 4-55 展示了检修试验项目类型的主动元关联及被动元关联。

表 4-54　检修试验项目类型的主动元关联

元关联名称	目标类	关系类型	基数
适用的检修等级	检修等级类型	收敛模式	1：N
适用的间隔状态	间隔状态	收敛模式	1：N
适用的产品品类类型	产品品类	收敛模式	1：N
适用的作业活动特征	作业活动特征	收敛模式	1：N
适用的技术专业类型	技术专业类型	收敛模式	1：N
适用的技术监督专业类型	技术监督专业类型	收敛模式	1：N

表 4-55　检修试验项目类型的被动元关联

元关联名称	目标类	关系类型	基数
包含的检修试验项目类型	检修工单类型	收敛模式	1：N
对应的检修试验项目	技术监督项目类型	收敛模式	1：N

以检修试验项目"定子圆度测量"为例，其主动关系见表 4-56。

表 4-56　"定子圆度测量"的主动关系

元关联名称	目标类	关系类型	是否终止
适用的检修等级	A 级检修，C 级检修	收敛模式	否
适用的间隔状态	机组检修	收敛模式	否
适用的产品品类类型	定子部件，定子	收敛模式	否
适用的作业活动特征	天车起重，高处及临边作业，有限空间作业	收敛模式	否
适用的技术专业类型	机械	收敛模式	否
适用的技术监督专业类型	水机监督	收敛模式	否

4.3.3.2　检修等级类型

检修等级是以检修规模和停用时间为原则对设备检修进行的分类。表 4-57 给出了检修等级类型的类实例清单。

表 4-57　检修等级类型的类实例清单

检修等级类型
A 级检修
B 级检修
C 级检修
D 级检修
A 类检修
B 类检修
C 类检修

检修等级类型在元模型上分别被检修实施方案类型、检修工单类型和检修试验项目类型所关联。表 4-58 和表 4-59 展示了检修等级类型的主动元关联及被动元关联。

表 4-58   检修等级类型的主动元关联

元关联名称	目标类	关系类型	基数
—	—	—	—

表 4-59 检修等级类型的被动元关联

元关联名称	目标类	关系类型	基数
适用的检修等级类型	检修实施方案类型	收敛模式	1 : N
适用的检修等级类型	检修工单类型	收敛模式	1 : N
适用的检修等级类型	检修试验项目类型	收敛模式	1 : N

4.3.3.3   检修实施方案类型

检修实施方案是指对间隔的某一检修等级检修工作的具体策划方案。检修实施方案类型在元模型上关联了间隔状态、检修等级类型和检修阶段类型,同时被间隔类型所关联。表 4-60 和表 4-61 展示了检修实施方案类型的主动元关联及被动元关联。

表 4-60   检修实施方案类型的主动元关联

元关联名称	目标类	关系类型	基数
适用的间隔状态	间隔状态	收敛模式	1 : N
适用的检修等级	检修等级类型	收敛模式	1 : N
适用的检修阶段	检修阶段类型	收敛模式	1 : N

表 4-61   检修实施方案类型的被动元关联

元关联名称	目标类	关系类型	基数
适用的检修实施方案类型	间隔类型	收敛模式	1 : N

4.3.3.4   检修阶段类型

检修阶段类型指在某一检修实施方案中按照隔离措施的不同划分的阶段。表 4-62 给出了检修阶段类型的类实例清单。

表 4-62   检修阶段类型的类实例清单

检修阶段类型
原始数据收集阶段
排水泄压阶段
全面检修阶段
启动试验阶段

检修阶段类型
建压试验阶段

检修阶段类型在元模型上关联了典型工作票类型，同时被检修实施方案类型所关联。表 4-63 和表 4-64 展示了检修阶段类型的主动元关联及被动元关联。

表 4-63　检修阶段类型的主动元关联

元关联名称	目标类	关系类型	基数
适用的典型工作票	典型工作票类型	收敛模式	1：N

表 4-64　检修阶段类型的被动元关联

元关联名称	目标类	关系类型	基数
适用的检修阶段	检修实施方案类型	收敛模式	1：N

以机组间隔检修为例，其检修阶段分为原始数据收集阶段、排水泄压阶段、全面检修阶段、启动试验阶段和建压试验阶段。其中，原始数据收集阶段关联了原始数据收集典型工作票。

4.3.3.5　典型工作票类型

典型工作票是指检修作业中常用的隔离措施所固化的工作票模板。表 4-65 给出了典型工作票类型的类实例清单。

表 4-65　典型工作票类型的类实例清单

第一级	第二级
机组间隔检修典型工作票	
	原始数据收集典型工作票
	排水泄压典型工作票
	检修典型工作票
	建压调试典型工作票
	启动试验典型工作票

典型工作票类型在元模型上关联了检修工单类型，同时被检修阶段类型所关联。下表 4-66 和表 4-67 展示了典型工作票类型的主动元关联及被动元关联。

表 4-66 典型工作票类型的主动元关联

元关联名称	目标类	关系类型	基数
适用的检修工单类型	检修工单类型	收敛模式	1：N

表 4-67 典型工作票类型的被动元关联

元关联名称	目标类	关系类型	基数
适用的检修实施方案类型	检修阶段类型	收敛模式	1：N

以机组间隔检修为例，其典型工作票可分为原始数据收集工作票、排水泄压典型工作票、检修典型工作票、建压调试典型工作票和启动试验典型工作票，其中原始数据收集工作票关联了机组间隔检修下的原始数据收集工单。

4.3.3.6 检修工单类型

检修工单是用于工作派发的最小单位，包含了检修试验项目等信息。表 4-68 给出了部分检修工单类型的类实例清单。

表 4-68 部分检修工单类型的类实例清单

第一级	第二级	第三级	第四级
机组间隔检修工单			
	原始数据收集工单		
	排水泄压工单		
	检修实施工单		
		发电机机械检修工单	
			发电机机械 C 级检修工单
			发电机机械 A 级检修工单
		发电机电气一次检修工单	
			发电机电气一次 C 级检修工单
			发电机电气一次 A 级检修工单
		发电机自动化检修工单	
			发电机自动化 C 级检修工单

第一级	第二级	第三级	第四级
			发电机自动化 A 级检修工单
		水轮机机械检修工单	
		励磁系统检修工单	
			励磁系统 C 级检修工单
			励磁系统 A 级检修工单
		机组动力盘检修工单	
		机组出口母线设备检修工单	
			机组出口母线设备 C 级检修工单
			机组出口母线设备 A 级检修工单
		调速器机械检修工单	
		调速器自动化检修工单	
		进水阀机械检修工单	
		进水阀自动化检修工单	
		机组保护检修工单	
		发电机预试工单	
			发电机 C 级检修预试工单
			发电机 A 级检修预试工单
	建压调试工单		
	启动试验工单		

检修工单类型在元模型上关联了间隔类型、检修等级类型和检修试验项目类型，同时被典型工作票类型所关联。表 4-69 和表 4-70 展示了检修工单类型的主动元关联及被动元关联。

表 4-69　检修工单类型的主动元关联

元关联名称	目标类	关系类型	基数
适用的间隔子系统类型	间隔类型	收敛模式	1∶N
适用的检修等级类型	检修等级类型	收敛模式	1∶N
包含的检修试验项目类型	检修试验项目类型	收敛模式	1∶N

表 4–70　检修工单类型的被动元关联

元关联名称	目标类	关系类型	基数
适用的检修工单类型	典型工作票类型	收敛模式	1 : N

　　以机组间隔检修下的发电机预试为例，发电机预试工单分为发电机 A 级检修预试工单和发电机 C 级预试检修工单，其中发电机 C 级预试检修工单关联了 C 级检修的检修等级，常规水电机组间隔、抽水蓄能机组间隔的间隔类型，定子绕组泄漏电流和直流耐压试验，转子绕组的绝缘电阻、转子绕组的直流电阻、定子绕组的绝缘电阻、吸收比或极化指数的检修试验项目。

第5章 领域模型驱动数字化转型实践

5.1 资产台账业务应用

5.1.1 业务概括

资产是对组织有潜在价值或实际价值的物品、事物或实体。价值对不同组织和相关方是不同的，既可以是有形的也可以是无形的，既可以是财务的也可以是非财务的。具体来讲，企业从事生产经营活动必须具备一定的物质资源，如货币资金、厂房场地、机器设备、原材料等，这些都是企业从事生产经营的物质基础，都属于企业的资产。此外，像专利权、商标权等不具有实物形态，但却有助于生产经营活动的无形资产，以及企业对其他单位的投资等，也都属于资产。

资产台账是企业设备资产的清册，也是设备资产管理的核心和抓手，还是所有生产业务活动的基础。通过对电力企业研究发现，当前很多企业的资产台账管理，依然停留在财务的管理范畴，并没将资产台账和生产作业紧密结合；甚至，在资产台账修编时，验证"账卡物一致性"存在较大难度，严重影响了企业管理效率。

4.1定义的"资产信息模型（AIM）"实现了功能面、产品面、空间面的协同，并从七个维度（图5-1）实现对资产设备的管控，目的是打破业务专业壁垒，实现业务协同；重点实现账卡物跨业务域的协同，以及围绕资产设备实现生产领域的缺陷、检修、风险、运行等专业的协同，搭建起设备服役的全生命周期跟踪管理平台。

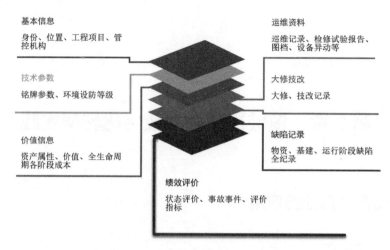

图5-1 资产信息模型的七个维度

功能面定义了资产对象的组织关系，构建了"资产台账结构模型"（也称"功能位置树"），并围绕"资产台账结构模型"策划与生产业务的协同（图5-2），如设备缺陷信息模型、生产作业信息模型、安全风险信息模型等，其目的是实现资产设备"服役到报废"的生产过程跟踪。

比如：模型层，生产作业信息模型中的[主变检修项目]会对应到"资产台账结构模型"的[主变压器]设备节点；应用层，电厂基于"资产台账结构模型"生成电厂资产台账实例树后，业务人员围绕实例树上的[#1主变压器]功能节点，可以直观看到该服役设备实物的检修记录、检修实施信息等；同样的，开展主变检修工作时，也会罗列出待检的设备实物数量、功能节点等，还支持进一步统计主变检修工作的业务覆盖度。

图5-2 生产领域信息模型框架蓝图

产品面定义了生产实物的产品属性与资产属性，包含所属产品类型、厂家型号、库存、资产编码、资产类别等，并构建了与功能面的协同，主要表现在建立了产品类型与功能位置的对应关系，实现了"采购、安装、服役"的管理规范。

比如：模型层，"资产台账结构模型"的 [主变压器] 设备节点会关联产品面"品类模型"上的 [变压器]；应用层，当电厂采购一台"GEC ALSTHOM 双绕组油浸式变压器"并标记为 [变压器] 这一产品类型，系统会基于关联的 [主变压器] 功能位置，检索"电厂资产台账实例树"，并给出适宜服役的实例节点 [#1 主变压器]，并在安装完成后同步服役的功能位置信息到财务系统。

5.1.2　设备台账实例树的构建应用

在 4.1 节定义的"资产信息模型（AIM）"设计中，功能位置类型用于刻画资产功能面，从功能角度描述资产对象，系统中的逻辑性、相对稳定的节点构成资产台账层次结构，按照层级高低，划分为设施类型、功能分组类型、成套设备类型、设备类型、组件类型、部件类型。基于功能面建模诉求，我们定义了电力企业生产域的"资产台账元结构（图 5-3）"，并基于元结构，构建了"发电厂资产台账结构模型"（图 5-4）。

图 5-3　资产台账元结构

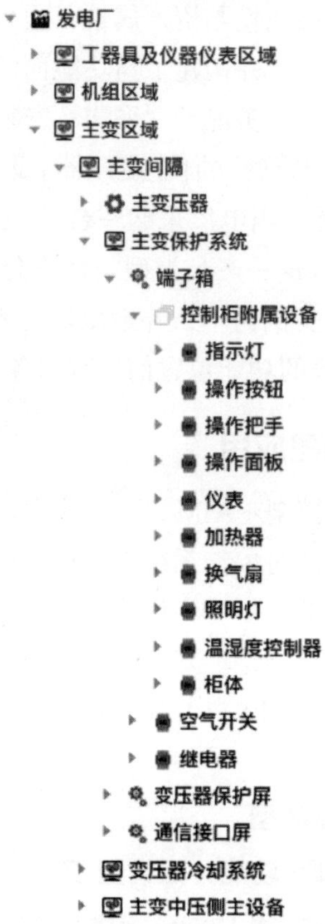

图 5-4　发电厂资产台账结构模型

　　这里，以"发电厂资产台账结构模型"为例，重点说明模型是如何实例化的，以及模型在业务系统中的应用体现。

　　图 5-5 展示的是基于"发电厂资产台账结构模型"构建的"某电站设备台账实例树"的过程，即模型实例化过程，由图可看出实例设备和模型之间的对应关系。比如：模型层定义 [主变区域] 下包含 [主变间隔]，用来阐述这种功能的构成；实例层，广蓄电站则根据自身发电规模，管辖有多个主变间隔，如"#1 主变间隔"、"#2 主变间隔"等，但是每一个主变间隔，都具备相同的子功能或子设备构成。

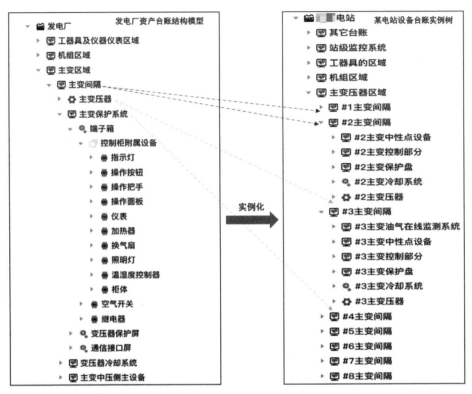

图 5-5　模型实例化过程

　　模型的实例化，就是围绕这整套功能构成体系，实例出各种"质相同量不同"的电厂实例。模型的实例化既体现了系统功能结构，又实现了对生产设备实例的全覆盖，将每一个设备实物都纳入功能体系，并围绕着功能位置上的设备实物开展资产对象管理、生产维护的全生命周期管控。

　　图 5-6 展示了从资产信息、实物信息、产品信息、功能位置四个方向，围绕设备台账构建的业务应用体系。

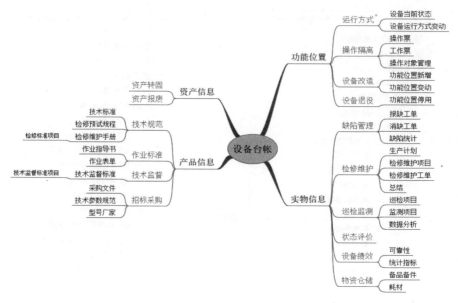

图 5-6　围绕设备台账构建的业务应用体系

这里以"某电站/机组区域/#1 机组/#1 机组主球阀系统/#1 机组球阀"为例，解析资产对象的全生命周期管控（图 5-7）。

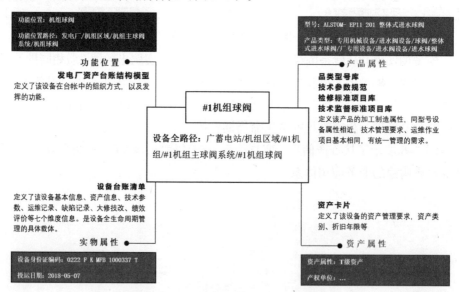

图 5-7　资产对象的全生命周期管控示例

物资"ALSTOM-EP11 201 整体式进水球阀"采购后，根据产品面所属的产品类型："专用机械设备/进水阀设备/球阀/整体式进水球阀/厂专用设备/

进水阀设备 / 进水球阀"，找到该产品类型适宜安装的功能位置："发电厂 / 机组区域 / 机组主球阀系统 / 机组球阀"；然后基于模型实例化的对应关系，将该产品安装到"某电站资产台账实例树"的对应功能位置节点："广蓄电站 / 机组区域 /#1 机组 /#1 机组主球阀系统 /#1 机组球阀"。待财务系统完成资产建卡后，开启设备的生产服役。

生产环节，围绕着资产台账实例树上的这台设备开展生产业务，如缺陷、运维、检修、生产等。比如，该"#1 机组球阀"在服役过程中的历次缺陷记录、检修过程、运行状态等业务活动都会记录在设备的服役档案内，供业务人员抽调查看、分析。直到功能位置上"服役设备"报废拆除并从资产目录中清除后，再更换新的产品按照上述规范，安装服役。

5.1.3　基于资产信息模型的账卡物一致

"账卡物一致"是打通物资、生产、财务的协同；"账"指的是生产领域构建的设备台账，"物"指的是物资方面的产品库存管理，"卡"是指财务领域定义的资产卡片。"账卡物一致"的目的是建立起产品的全生命周期管理（图 5-8），避免出现财务统计的资产对象与实际生产服役设备数量及物资统计的产品库存数量在增缺补漏过程中的"不一致"现象。

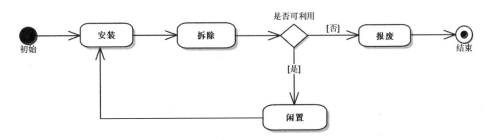

图 5-8　产品的全生命周期

①安装。安装表示产品安装在功能位置服役，如"LSTOM-EP11 201 整体式进水球阀"安装在"#1 机组球阀"。

②拆除。拆除表示设备级产品从功能位置拆除。

③闲置。闲置表示产品仍可利用。

④报废。报废表示产品已无利用价值，生命终结。

通常，在围绕设备台账开展生产业务的过程中，当某个功能位置节点服役的设备发生变动时，需要和物资或财务产生交互。比如：闲置的设备会入库，进行库存管理；报废的设备会通知财务，完成固定资产卡片的注销；报废的设备也会携带型号信息请求物资更换。

物资是业务生产运行正常的保障。财务是对企业资产的清算，在设备安装服役时，财务系统需要根据资产统一目录规范要求，完成对采购产品的资产属性以及产品属性录入，生成固定资产卡片。然后，设备实物装备到对应适用的功能位置节点服役。

"资产信息模型（AIM）"设计，从产品面和功能面搭建了功能位置类型与产品类型、资产类别的协同。功能位置类型实例出生产的设备台账实例树，产品类型构成物资的品类型号库，资产类型承载着资产统一目录与设备实物的绑定，同时建立了"设备台账实例树"和"资产统一目录"的关联、"设备台账实例树"和"品类型号库"的关联、"品类型号库"和"设备实物"的关联，从而确保了生产、物资和财务的一致性。图 5-9 是基于资产信息模型（AIM）的账卡物框架。

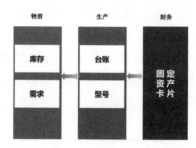

图 5-9 账卡物框架

账卡物一致性应用主要包含 7 个环节，如图 5-10 所示。

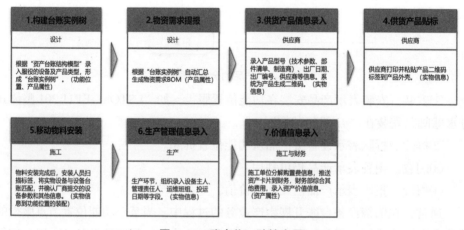

图 5-10 账卡物一致性应用

5.2　设备维修业务应用

5.2.1　业务概括

　　某发电公司成立至今已有十多年，当前已有多个投运电厂和正在建设的电厂，正处于高速发展时期，可以预见未来业务需求也会发生较大变化。同时，由于常规水电厂与蓄能电厂技术差异、地方管理差异、各电厂建设历史时期不同等因素，公司下辖的各电厂关于组织架构、工作流程、业务习惯等方面存在差异。因此，设备维修业务的规范统一存在一定难度。

　　目前在设备维修业务中，仅工作票业务提供了相应的数字化应用，实现电子开票，而检修过程中的其他环节并无实现数字化管理，多用电子文档与纸质文档为载体来开展工作，存在着数据信息维护难度大、数据分析成果少、依靠人工水平高等问题，制约了设备维修业务水平的提高。同时，数据孤岛的情况也影响了其他业务开展的便利程度。

　　通过利用领域建模技术对设备维修领域进行模型搭建，并以此为核心打造数字化应用，可以很好地解决设备维修业务存在的问题，既提高了业务开展的效率，又提升了业务管理的水平。

5.2.2　设备维修应用设计

　　本节通过对业务规范和管理标准进行梳理，对用户的需求进行调研分析，并以此开展对设备维修业务的应用设计。为符合数字化转型需求，需遵循以下原则：

　　①符合生产作业信息模型（PIM）设计。第 4.3 节给出了一个符合电厂的生产作业信息模型，该模型便是基于调峰调频发电公司的设备维修业务进行设计的。因此，在设备维修业务应用的设计中，首要原则是以该生产作业信息模型为核心。

　　②支撑设备维修业务全过程。设备维修业务涵盖了检修规划、检修计划、检修实施等过程，应用设计应该覆盖并串联整个全过程，提升数据关联度及分析价值。

　　③打通多业务应用数据联动。设备维修业务依靠设备台账进行，同时与运行管理、作业风险、设备缺陷等业务产生关联，打通多个业务之间的联动，不仅提升了业务效率和用户体验，也提高了数据的关联性，进而提高了数据分析的水平。

　　图 5-11 是设备维修应用框架，主要包含两大环节：检修管理、检修规范。

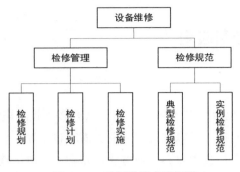

图 5-11 设备维修应用框架

1. 检修管理

检修管理是指对整个设备维修过程进行的信息化管理，根据业务的不同阶段，可分为检修规划管理、检修计划管理、检修实施管理这三个模块。

①检修规划管理。检修规划管理是为了在长周期（一个或多个大修周期尺度）下，基于设备风险度，按照合理平衡资源、安全和经济综合效益最优的原则开展的计划管理工作，目的是策划设备未来维修级别，提前安排资源。检修规划是整个检修过程中最开始的策划阶段。

②检修计划管理。检修计划管理是根据检修规划进行进一步细化策划的过程，包括检修日程、检修试验项目清单、陪停间隔等信息补充，目的在于对接调度业务。检修计划按时间范围的不同分为年度检修计划、月度检修计划、临时检修计划。

③检修实施管理。检修实施管理是在完成检修计划之后，对具体检修工作进行细节策划到实际执行完成的过程的管理。

2. 检修规范

检修规范是对设备维修业务过程进行规范的管理，包括检修试验项目、作业任务工单、检修实施方案等内容，按领域模型层次分为典型检修规范和实例检修规范。

①典型检修规范。典型检修规范是指在检修规范中补充模型层的具体信息的部分，包括设备典型检修试验项目、设备典型作业任务工单和设备典型检修实施方案。

②实例检修规范。实例检修规范是指对应实例设备的检修规范，包括设备实例检修试验项目、设备实例作业工单模板和设备实例检修方案模板。

5.2.3　基于生产作业信息模型的检修规范

　　检修规范的目的在于将设备维修业务过程中的标准化内容基于生产作业信息模型进行数字化。与以往仅用长文本、条目化的格式不同的是，通过模型化的信息形成了一个完整的网状结构。这种变化在横向上让信息更有协同性，让人们可以更方便地对标准化内容进行整体维护；在纵向上从元模型到模型到实例均联动贯通，可以保证规范逐层传递，也能够有效管控产生变更的部分。通过利用信息技术的手段，基于模型层的内容，可对实例层进行统计分析，从而得出规范的实施效果。领域模型下的检修体系与传统体系的对比，如图 5-12 所示。

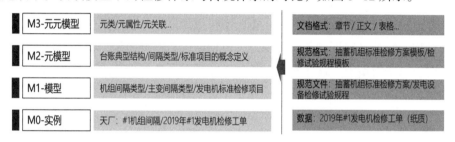

图 5-12　领域模型下的检修体系与传统体系的对比

　　检修规范按领域模型层次分为典型检修规范和实例检修规范，其功能框架如图 5-13 所示。

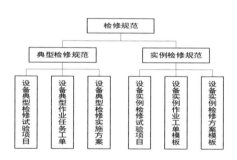

图 5-13　检修规范的功能框架

　　典型检修规范主要面向的是公司级的生产技术部门，而实例检修规范面向的是电厂级的生产技术部门和实际负责检修试验作业的部门。从整个公司层面来看，需要关注所有下属电厂的检修业务如何规范，因此对应的是设备台账规范，也就是模型层的设备类型。比如在常规水电厂中的发电机组就是一种设备类型，公司的生产技术人员仅要关注发电机组这一设备类型的检修规范内容，而电厂人员则需要关注到其厂内具体到每一个发电机组的检修规范。这是因为实际不同的机组设备间可能会存在一定差异，如生产厂家的不同或设备规格的不同等，这些因素都会影响到实际检修作业的规范制订。

因此，典型检修规范和实例检修规范的实际内容是相似的，均包括检修试验项目、作业任务工单、检修实施方案，不同点在于一个对应了模型上的设备类型，另一个则是对应了实例的设备。

由于涵盖内容相似，这里将典型和实例的检修规范进行一并描述，不再逐一描述。

5.2.3.1 检修试验项目（典型 / 实例）

检修试验项目是检修工作中的最小单位，主要用于管理检修周期、作业程序，挂接作业风险和量测参数等内容。在典型检修规范中，检修试验项目采用了两种组织结构，一种是根据设备台账规范（典型结构）进行组织，将检修试验项目挂接在对应设备类型上，这样便可以通过选择某一设备类型节点来查看其下的检修试验项目（图 5-14）。

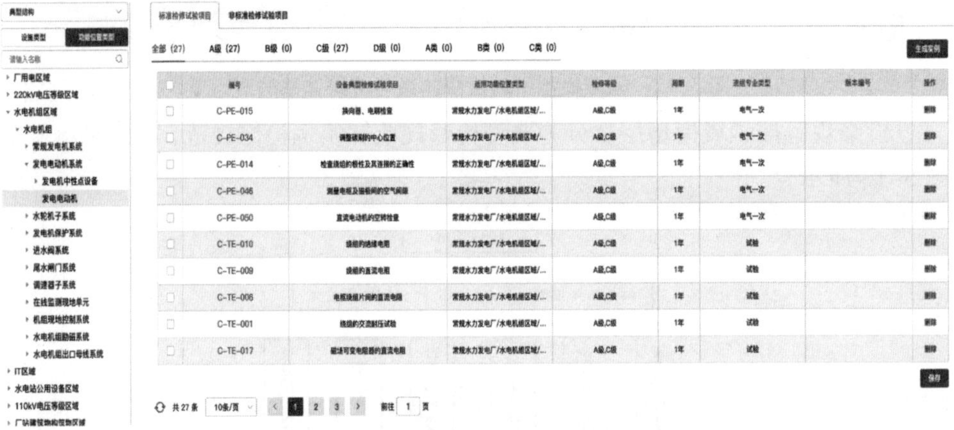

图 5-14 以设备台账规范组织的检修试验项目

另一种组织结构，是根据检修试验项目类型的类实例结构（详见 4.3.3.1 检修试验项目类型）进行组织，依照检修试验项目类型的分类挂接对应的检修试验项目，可以根据检修试验项目类型来查看其下的检修试验项目（图 5-15）。

图 5-15　以检修试验项目类型组织的检修试验项目

在实例检修规范中，检修试验项目也分别采用了两种组织结构，一种是根据设备台账进行组织，将检修试验项目挂接在对应设备上，这样便可以通过选择某一具体设备来查看其下的检修试验项目（图 5-16 ）。

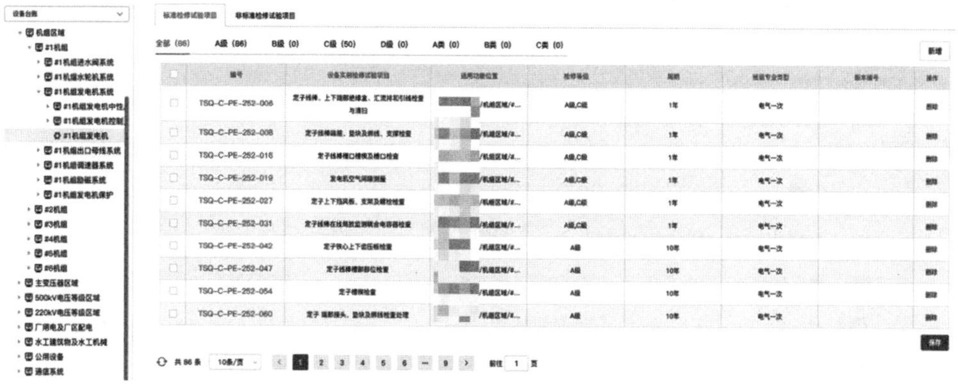

图 5-16　以设备台账组织的检修试验项目

另一种组织结构同典型检修规范，根据检修试验项目类型的类实例结构进行组织（图 5-17 ）。

187

图 5-17　以检修试验项目类型组织的检修试验项目

　　检修试验项目所包括的信息，可以分为基本信息、作业程序、作业风险、物料及工器具、参考资料、关联信息（图 5-18）。在典型检修规范中，可以选择将检修试验项目生成实例，从而挂接到实例检修规范，生成对应设备的检修试验项目。

图 5-18　检修试验项目包含的信息

5.2.3.2　作业任务工单（典型 / 实例）

　　作业任务工单是检修工作中最基础的工作组织单元，主要用于管理检修内容、资源需求、质量验收等信息。在典型检修规范中，作业任务工单采用了两种组织结构，一种是根据间隔类型进行组织，将作业任务工单挂接在对应间隔类型上，这样便可以通过选择某一间隔类型节点来查看其下的作业任务工单（图 5-19）。

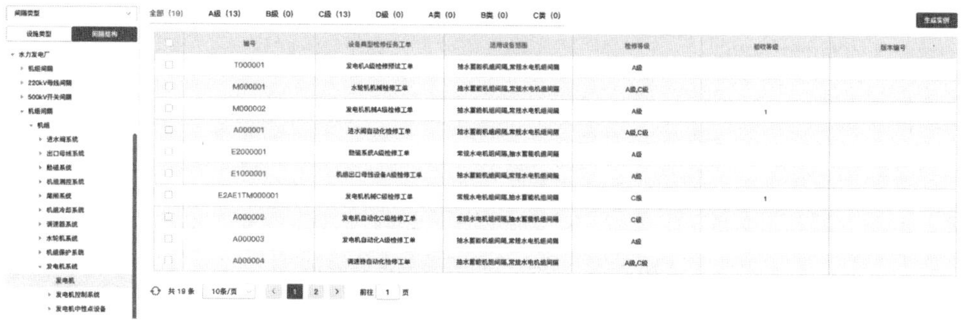

图 5-19　以间隔类型组织的作业任务工单

另一种组织结构，是根据检修工单类型的类实例结构（详见 4.3.3.6 检修工单类型）进行组织，依照检修工单类型的分类挂接对应的作业任务工单，可以根据检修工单类型来查看其下的作业任务工单（图 5-20）。

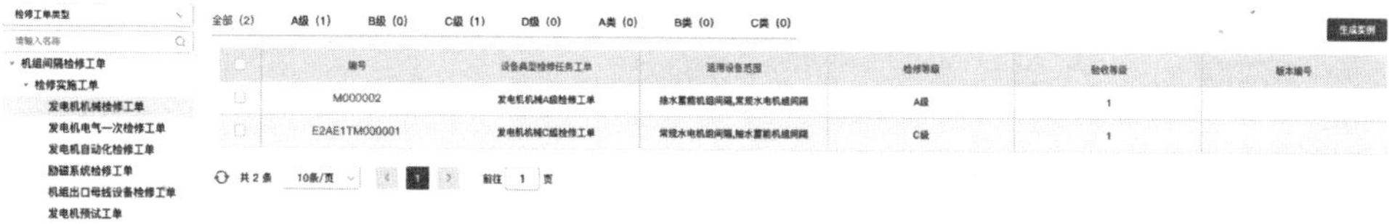

图 5-20　以检修工单类型组织的作业任务工单

在实例检修规范中，作业任务工单采用间隔树进行组织，将作业任务工单挂接在对应间隔设备上，可以根据具体的间隔设备来查看其下的作业任务工单（图 5-21）。

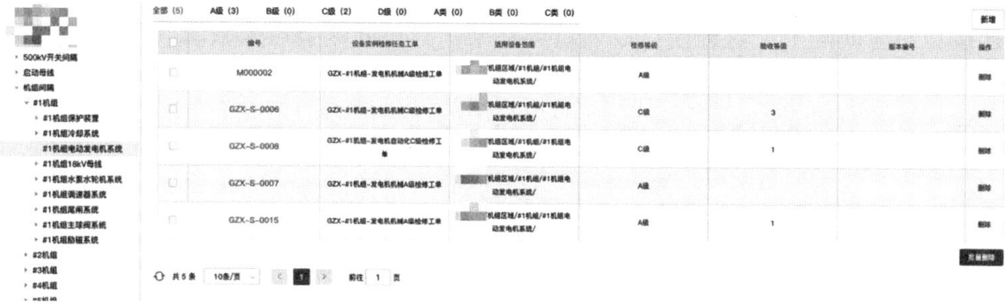

图 5-21　以间隔树组织的作业任务工单

作业任务工单所包括的信息，可以分为作业任务、项目清单、作业风险、物料及工器具、关联信息（图 5-22）。在典型检修规范中，可以选择将作业任务工单生成实例，从而挂接到实例检修规范，生成对应间隔设备的作业任务工单。

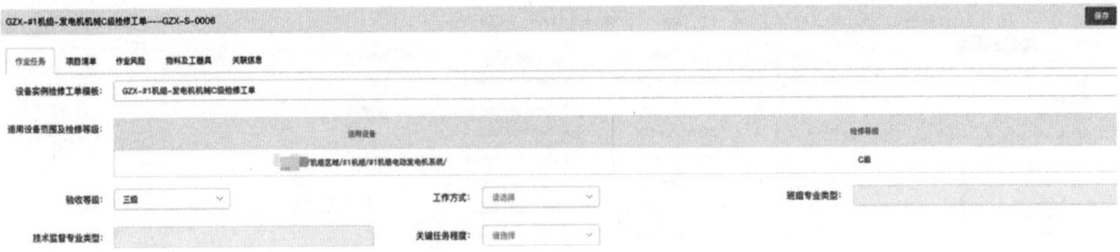

图 5-22　作业任务工单包含的信息

5.2.3.3　检修实施方案（典型／实例）

　　检修实施方案是检修工作中最大的工作组织单元，主要用于管理检修工序、隔离边界、整体工作进度等信息。在典型检修规范中，检修实施方案采用间隔类型来进行组织，将检修实施方案挂接在对应间隔类型上，这样便可以通过选择某一间隔类型节点来查看其下的检修实施方案（图 5-23）。

图 5-23　以间隔类型组织的检修实施方案

　　在实例检修规范中，检修实施方案采用间隔树来进行组织，将检修实施方案挂接在对应间隔上，这样便可以通过选择某一具体间隔节点来查看其下的检修实施方案（图 5-24）。

图 5-24　以间隔树组织的检修实施方案

5.3　数据分析应用

5.3.1　数据指标体系

为有效支撑生产监控指挥中心建设，提高生产监控决策分析能力，本节开展了数据指标体系的构建，并基于生产域模型开展数据统计分析。

通过对某公司指标现状的调研及现有数据分析应用的分析，梳理了相关的业务对象，构建了基于生产域业务对象的数据指标体系（图 5–25）。梳理业务对象，得到了原子指标、衍生指标、复合指标；根据工作需要细分维度，将维度分为修饰维度（业务对象字段值为有限枚举类型的，且有统计分析意义的可以作为指标前缀修饰词的维度）、组织机构维度（通用维度）、时间维度（通用维度）、其他基本维度（非通用维度）。

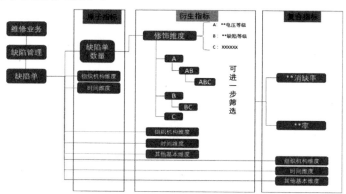

图 5–25　数据指标体系

1. 原子指标

原子指标是基于某一业务事件行为下的度量，是业务定义中不可再拆分的指标，是具有明确的业务含义的名词。

2. 派生指标

派生指标 = 1 个原子指标 + 修饰维度（可以多个组合）+ 其他基本维度（可选）+ 时间维度 + 组织机构维度。派生指标可以理解为原子指标业务统计范围的圈定。

3. 复合指标

复合指标是由原子指标和派生指标在一定的计算规则的基础上复合而成的。

基于业务需要，可以使用维度模型来构建原子指标、派生指标、复合指标的数据仓库模型，三种类型的指标维度模型略有不同，原子指标、派生指标、复合

191

指标都通过业务对象来构建，三者之间基本维度模型一致，都有时间维度、组织机构维度，派生指标及复合指标会存在区别于原子指标的专业性其他维度。指标模型如图 5-26 所示。

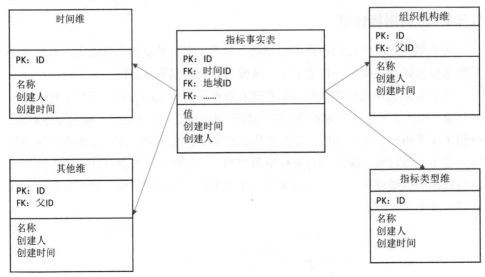

图 5-26　指标模型

5.3.2　数据分析

在数据分析应用中，数据库逻辑上包括三大分区：数据准备区、数据仓库区（ODS）以及数据集市区。按照数据流向，数据存储分为三个逻辑层次，见表 5-1。

表 5-1　数据存储的逻辑层次

层级	特点描述	数据结构
数据集市区	共性应用：基于基础层建立，为各级单位的共性分析应用提供汇总数据 个性应用：基于基础层建立，为各级单位的个性分析应用提供汇总数据	星形或雪花形多维数据模型
数据仓库区	基于数据资源整合规范进行数据清洗及标准化 存储标准化的数据 存储部分详细数据和轻度汇总级数据 对过期基本不用的数据进行归档处理	标准化的企业级数据模型
数据准备区	通过数据接口模块上传的原始数据临时存储在缓存区，等待处理 进行基础数据质量检查 不保存备份	与上传接口文件一致

本项目中的数据范围非常广，覆盖了企业的生产等业务领域，所以需要通过企业级数据模型对本项目中的数据内容进行有效的管理。数据模型分为概念模型、逻辑模型和物理模型。

①概念模型。概念模型是高阶模型，一般用于定义重要的业务概念和彼此的关系，由核心的数据主题及其集合，以及主题间的业务关系组成。

②逻辑模型。逻辑模型是对概念模型的进一步分解和细化，一般用于描述实体、属性以及实体关系。设计时一般遵从"第三范式"以实现最小的数据冗余。

③物理模型。物理模型主要用于描述属性字段类型、长度等细节，对数据冗余与性能进行平衡，需要考虑所使用的数据库产品、对应索引等因素。

数据处理的任务流可分为以下三个阶段。

第一阶段：完成从数据源到操作型数据存储层的加载。在此过程中，数据存储模型基本与源系统保持一致。

表 5-2　第一阶段的数据处理

处理过程	步骤	设计要点
	①接口文件加载到缓冲区	将经提供者校验合格后的接口文件加载到缓冲区，每个接口文件单独存放在一张表中，数据格式原则上与源系统格式一致；缓冲区数据原则上保留 3 ～ 5 天，不保留备份；对缓冲区数据进行数据质量校验
	②缓冲区数据加载到操作型数据存储	数据加载到操作型数据存储层，与操作型数据存储层已有数据整合；对数据进行必要的格式转换，如日期字段、数字字段等；对操作型数据存储数据进行数据质量校验

第二阶段：完成操作型数据存储层到基础层的加载。在此过程中，需要将各地数据按照数据标准进行转换，并依据统一数据模型存储。

表 5-3　第二阶段的数据处理

处理过程	步骤	设计要点
基础层 统一数据模型 数据标准区 → 数据质量报告 操作型数据存储	①从操作型数据存储层到数据标准校验区	操作型数据存储层数据依据数据标准要求进行转换、映射和轻度汇总； 生成增量结果数据临时存储在数据标准校验区； 在数据标准校验区对转换后的数据进行质量检查； 数据标准校验区类似缓冲区，不保留任何数据历史，校验成功并且加载到统一数据模型后，即可清空
	②从数据标准校验区到统一数据模型	确认数据标准化准确无误后的数据加载到统一数据模型； 以历史表方式存储； 对统一数据模型数据进行业务指标校验

第三阶段：完成共性应用汇总层和个性应用汇总层的数据加载。在此过程中，需要将基础层的低粒度数据汇总成基于分析指标的高粒度数据，并依据多维数据模型（星形或雪花形数据模型）存储。

表 5-4　第三阶段的数据处理

处理过程	步骤	设计要点
汇总层 共性应用 个性应用 → 数据质量报告 统一数据模型	①从统一数据模型（包括）到共性和个性应用的数据存储	● 对统一数据模型数据分析应用业务需求进行转换、映射和汇总； ● 汇总层数据以星形或雪花形模型存储； ● 在汇总层进行质量检查

5.3.3　应用实例

生产领域模型的设计，打通了基建、物资、生产等过程设备数据模型，实现了数据的互联互通，从而真正实现了资产全生命周期的管理，大大拓展了数据分析的维度。数据的快速提取、浏览及精准定位，提高了数据展示的效率和深度。

在数据分析方面，本节开展了设备专业基于品类维度、资产统一目录维度、功能位置类型维度、典型结构维度的设备指标分析。

1. 品类维度

品类与资产设备之间的数据通过生产域模型打通，在对资产设备做指标分析的时候，能够基于品类维度做基于品类树的设备指标数据分析（图 5-27），这些指标包含设备数量、设备资产原值、设备缺陷、厂家等信息。

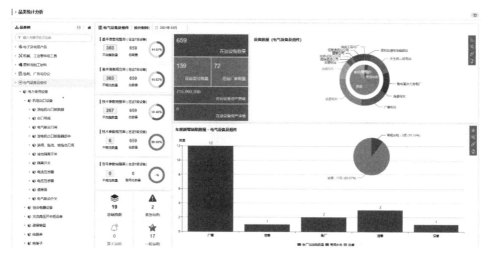

图 5-27　基于品类维度的设备指标数据分析

2. 资产统一目录维度

打通统一资产目录与资产设备之间的数据，支撑基于资产统一目录维度的设备指标数据分析（图 5-28）。

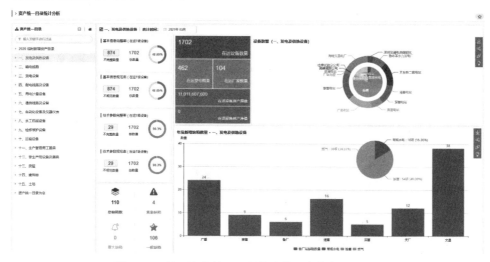

图 5-28　基于资产统一目录维度的设备指标数据分析

3. 功能位置类型维度

打通功能位置类型与资产设备之间的数据，支撑基于功能位置类型维度的设备指标数据分析（图 5-29）。

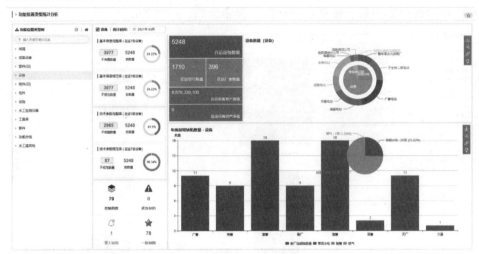

图 5-29　基于功能位置类型维度的设备指标数据分析

4. 典型结构维度

打通典型结构与资产设备之间的数据，支撑典型结构维度的设备指标数据分析（图 5-30）。

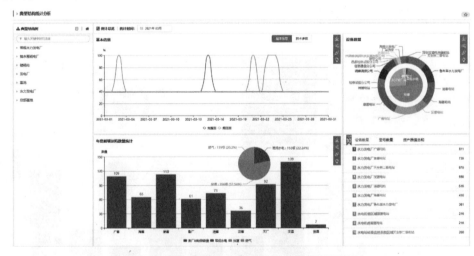

图 5-30　基于典型结构维度的设备指标数据分析

第6章 总结与展望

本书面向电厂生产领域，提出以模型驱动业务数字化，阐述一种适用于"电厂生产领域信息模型"的建模技术，并详细讲解了整套建模技术的理论体系和建模规则；同时，基于该建模技术向读者从0到1构建了相关业务领域的建模案例及模型在业务上的应用表现；为电厂开展数字化转型，提供了新的视野。

另外，"电厂生产领域信息建模技术"也是一套区别于通用建模的方法，更注焦于特定领域建模诉求，面向领域专家、业务人员建立起一套从业务视角向IT语言转化的规范，是构建电网数字化转型和数字电网建设的基础核心，保障了各业务数据唯一、口径统一，实现了业务规范和业务专家能力的数字化转型。

未来，寄希望进一步推广该建模技术，扩展应用成果，有针对性地对电厂生产领域更多的业务专业开展模型设计，促进各专业间协同与高效，力争消除业务壁垒，推动数字化应用建设，为生产业务领域发挥实际作用。